非遗文化特色教材

苏州四季花宴

胡建国　曹健　主编

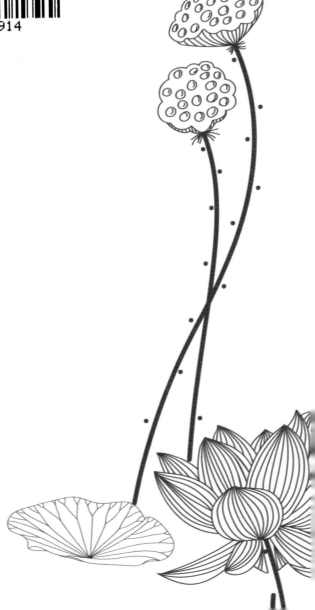

图书在版编目（CIP）数据

苏州四季花宴 / 胡建国，曹健主编 . —苏州：苏
州大学出版社，2021. 3
ISBN 978-7-5672-3368-3

Ⅰ . ①苏… Ⅱ . ①胡… ②曹… Ⅲ . ①苏菜－菜谱
Ⅳ . ① TS972.182.53

中国版本图书馆 CIP 数据核字 (2021) 第 043909 号

书　　名	苏州四季花宴
	Suzhou Siji Huayan

主　　编	胡建国　曹　健
责任编辑	杨　华
装帧设计	陆思佳
封面设计	刘　俊
封面题字	唐长兴
篆　　刻	林　欣

出版发行	苏州大学出版社（Sochow University Press）
社　　址	苏州市十梓街 1 号　　邮编：215006
印　　刷	苏州工业园区美柯乐制版印务有限责任公司
网　　址	www.SUDApress.com
教育资源服务平台	www.sudajy.com
邮　　箱	sdcbs@suda.edu.cn
邮购热线	0512-67480030
销售热线	0512-67481020

开　　本	787 mm×1092 mm　　　1/16
印　　张	14
字　　数	259 千
版　　次	2021 年 3 月第 1 版
印　　次	2021 年 3 月第 1 次
书　　号	ISBN 978-7-5672-3368-3
定　　价	88.00 元

精妙微纤四季宴（序言）

华永根

　　放在我面前的是一本记录苏州旅游与财经高等职业技术学校师生合力研发"苏州四季花宴"历程的著作。乍看似一本菜谱，但其内容描述精细，读来更像是专业的烹饪教材；配图精美，又像一本赏心悦目的美食图集。苏州曾出版过多种菜谱及美食的相关书籍，但以筵席为内容的专题书本仅此一籍。它充分显示出苏州精湛的烹调工艺及深厚的吴地饮食文化，定将在苏州烹饪史上留下浓墨重彩的一笔。

　　宴会，又叫筵席、宴席、酒宴等。大至国宴，小至家宴，不管大小的宴席，都会根据不同的需求和规格，要编排出一套菜品。从冷菜，到热炒、大菜、细点、甜品等，一应俱全。这些菜品都是制作精良的名菜名点，如此才能上得了宴会桌面。尤其在苏州宴会上的菜品，光有口味、造型、色彩还不够，还要突出菜品本味、时令性及筵席的主题要求。

　　苏州的筵席源远流长，是人类饮食文化中的瑰宝。它深根于吴地文化中，又经历代名厨巧师精心打造，文人墨客的推崇提炼，形成一套完整的操作规范、迎

客礼俗，留下诸多风味浓郁、脍炙人口的名宴，这是一笔珍贵文化遗产。苏州的大厨高手们个个身怀绝技。他们利用"四时八节"的物产，融合吴门书画、雕刻、刺绣等艺术手法，总能做出典雅秀美、清和淡逸的苏式名菜、名点及名宴，又传承着吴地医派"医食同源"的养生宗旨，打造出大批具有苏州特色的美味佳肴，形成一批热爱苏州味道的社群。苏州人常说吃"时鲜货"，故而在苏州的宴席上，总能吃到苏州的时令佳肴、风味特色。

回顾吴地饮食史，曾出现过不少佳肴名宴，例如，先秦时的"吴王宴"，唐宋时的"船宴"，元明时的"官府宴"，清代宫廷中的"苏宴"，等等。到了近代，也有俞曲园曾在曲园"春在堂"宴会师门同僚，苏州望族"贵潘"潘祖荫在潘宅内设宴宾朋，张大千、张善子借寓殿春簃时在园内以文会友等佳话。当下，苏州名宴也层出不穷，如松鹤楼菜馆的"乾隆宴"，得月楼出品的"吴中第一宴"，新聚丰推出的"三虾宴"，南园宾馆复制的"芸娘宴"，吴门人家奉献的"册封宴"，平江府特制的"文夫宴"，等等，皆闻名遐迩。还有那些名不见经传的吴地鱼宴、蟹宴、虾宴、鸡宴、素宴等，以及各种婚宴、寿宴等，不胜枚举，各有精彩之处。然而，在苏州真正备受人们推崇的宴席，还是隐藏在城中街巷深处私宅、园林里各种私人订制的文人宴，有人称为"文人雅集"。他们总会选择私密、优雅环境举办宴会，众宾时而吟诗答对，时而品茗饮酒，时而尝肴说文，充分体现出吴地文人高尚的修养情趣及对美好生活的追求。这些雅集宴会制作精良，个性突出，文质并茂，确切表现出苏州筵席的精粹。

这本《苏州四季花宴》，展现的确是苏州文人宴中的经典代表，又契合着四季时令，通晒一遍苏州名菜、名点，是对吴地传统筵席礼仪的复苏。每一季宴会以花为名做引子，春季的桃花，夏季的荷花，秋季的丹桂，冬季的红梅，引人入胜，给读者带来无尽遐想。阅读本书的过程便是品味每季的苏州味道之旅，亦能充分领略那些在岁月长河中代代传承、写满故事的美食带来的无穷回味。

春桃盎然食诱人。春宴选用多道时令菜品，由冷碟、热菜、美点等组成。开门见山的餐前水果名为"春天故事"，运用中西结合手法制作，以桃花为主景，

拼以果盒，构思巧妙，命题意深。最让人感动的是这桌春桃宴中，有近十款菜肴采用苏州烹调工艺中传统的卷食手法。苏州厨艺的用料精细，手法多样，在这些菜肴中体现得淋漓尽致。例如，"月季鸡脯"是用熟鸡脯切成片，卷成月季花形装盘，形态逼真，食后口齿留香。"牡丹花鱼"是用鱼叶子修成花形状，拍粉，炸香，淋上果酱，卷摆成牡丹花形，色香味形俱佳。而"芥蓝绿菊"则是芥蓝去皮，斜刀切片，卷成花朵状，青翠欲滴，脆香爽口。另一款"大丽马兰"，是采用当令春时马兰头，与虾仁制成细碎卷在百叶里，成熟改刀切成平行四边形，装盆犹如盛开的花朵，清香四溢。还有"菊花墨鱼""太湖春早""春蔬满盘"等均采用卷食法烹制。这些菜肴做得有声有色有形，对应着春时百花齐放，真所谓卷食亦风雅。值得一提的是享誉苏州的名馔"腌笃鲜"，在此宴中也有出现，名为"冬去春来"，含义深刻，发人深思。此菜在原有腌鲜基础上改良提升，将春笋用刀修剪成古铜钱状，酿入肉酱、田螺肉，又把莴笋雕成田螺形态，另加入家乡咸肉，三者蒸煮成熟，鲜香汤清，不失为此宴压轴大菜。此宴中突出了苏州烹调传统技法中的卷法、酿法等，菜品艳丽多彩，应景应时，口味多变，将苏州菜中的诸多绝味珍馐重现江湖。

夏荷清风味珍美。夏宴以荷花为引，闻之令人联想夏季苏州清风明月荷塘蝉鸣。此宴共有21道菜肴，是四季花宴中道数最多、分量最重的宴席。此宴中冷菜多达12种，款款做得真切意实，惹人喜爱。例如，"黄瓜夏花"是用黄瓜切片，樱桃萝卜剖花刀，两样简易夏令冷食拼成，艳红翠绿两色，色泽光彩夺目，爽口清香。"水晶鱼味"是将鱼肉与鱼冻完美结合，其烹调手法源自古法"水晶脍"，晶莹透亮，实乃夏令佳品。"虎皮白肉"乃苏州夏令虾子白切肉的升级版，经油煎香肉皮，皮黄肉白，配以夏令出市虾子酱油，口味鲜不可挡。最后，一款"夏荷藕香"把此宴中冷菜推向了一个高潮，也再次点明了主题。此菜采用嫩荷叶、藕带在多种调味后，荷叶卷上藕带，浇上芝麻酱汁成品，青翠碧绿，荷香四溢，食后回味无穷。试想在炎炎夏日，能吃到此种冷菜，怎不叫人心旷神怡！此宴中另有"荷香迎宾"鲜美可口，"金银满盘"中绿豆芽等爽脆缤纷。"夏荷粉肉"则是一款构思奇特热菜，采用鸡翅拆骨后塞入五花肉、藕条等，撒上多种调味，蒸制成熟，鲜香可口，食后难忘。夏季不可缺失的糟味，则出现在那款"糟香绿意"中，内中出骨鳗鱼球透着糟香，味美色光亮。这些菜肴向食客传递出一个信息——制作者的刀法颇为精湛，善用各种花刀法，对各种食物用刀因材施艺，能够最大限度地凸现食材本色。此宴席中的每道菜品都与夏季时令食材相连，可谓至善至美。

　　秋桂飘香浅尝鲜。入秋后的苏城丹桂飘香，硕果累累，田间乡野收获正忙。此时，以鸡头米为首的"水八仙"、金秋大闸蟹、太湖"三白"（白鱼、白虾、银鱼）、山林中蔬蕈等苏州特有食材次第上市，秋桂宴充分利用这些食材精工细作，烹制一桌大宴。此宴共有多道传统菜点，制作者用尽潜能，可谓用心良苦。出品菜点件件精品，风味独特。例如，"熏香鲈脍"，此菜采用鲈鱼去骨去皮腌制，先炸后熏，香飘四方，肴中精品。"水晶蟹方"一菜制作也是十分细致，将鱼与蟹完美结合。此菜剔透晶莹，蟹香四溢，味鲜肉美。"紫茄香脥"是将秋后的茄子切成条加入调味，先入烤箱中烤熟后成茄干，再与肉末同炒，成菜风味一流，颇有"茄鲞"的味道。此菜看似简单，然而，要做出味道，非一般厨人所能胜任。"秋实水韵"则来自古人的"遗产"，是用蟹粉、鳊鱼的鱼肚肉、莼菜、松茸等熬制成羹汤，旁边配有土豆芝士制成饼。此菜古今结合、中西贯通，被称道为"江南绝世美味"。此宴中让人敬佩的还有一款佳点"秋的遐想"，采用多种面粉、抹茶粉等，制成果实形栗子、白果及四色银杏叶，其构思精巧绝非一日之功，确实能给人以秋景美的遐想。此宴以这款美点结尾，使得秋桂宴让人津津乐道。秋桂宴中的这些菜点，显示出烹调师具有非凡的操作技能，高超的手上功夫，那些果栗银叶的造型、色泽、口感等都完美无缺，称得上是视觉搭配味觉的双重享受。

　　梅景花宴年味浓。冬季岁寒年末，古有踏雪寻梅之俗，梅香氤氲，充满诗意。此宴中共收录11道菜点，虽然总数比前三款宴要少些，但意景深长，又遇年节，故而气象祥和。头道水果拼盘就以"和和美美"点题，给人一种温馨之感。冷菜中的头菜"梅韵江南"清新悦目，成品冷菜用鱼制成花朵，山楂切成灯笼，又伴有羊腿条、蟹味菇等，在整枝梅花图案下，显得鲜艳夺目，情真意切，把梅景宴原意生动呈现出来。那块"梅影酱方"本是吴地冬时名菜，制作时先将带皮的五花猪肉腌制，再入老卤中烹制，又用小火熬煮收汁，装盆后另配有梅花朵朵，食之肉香浓郁，品相一流。"五福临门"一菜，则有些像迷你版的"五件子砂锅"，锅中冬笋、鸭肉、咸鸡、蹄髈、紫菜蛋卷等拼成魔方板块，尝之鲜美异常。吃到此菜，老苏州便知年关已近了。"吉祥如意"虽然是款素菜，但上桌时分外亮眼，豆芽、水芹、韭黄、杏鲍菇等均以本色原味呈现。内中黄豆芽乃是年节中的"如意菜"，传递出美意连连。另一款"梅花汤饼"是此宴中重头戏。梅花形汤饼，制作非易事。汤饼内包入馅心下锅煮熟，另配细长春卷，一干一湿，一脆一软，在朵朵红梅衬托下天衣无缝，颇有几分《诗经》中提及的梅粥品相。此宴中另有一款点心"松鼠戏果"让人拍案叫绝。此点采用传统船点做法，松鼠、松果栩栩如生，色泽、果片如真相仿，尤其那颗油酥松果，起酥、油温都处理得恰到好处，满座无不为其叫好！冬宴中的这些菜点，彰显了出品者深厚的炉灶功夫，其火候把握恰到好处，焖制酱方、慢笃砂锅五件子、低温油锅出来梅果、吊出的清澈鲜洁的高汤等，点滴都体现了大厨的英雄本色。

这套苏州四季花宴从研发到制成经历一年多时间，其间餐企人员、学校师生齐心协力，不舍昼夜。从这些精美的菜品里，不仅能看得出师生之间的精诚合作，更显示出这支集合了名师、学生的队伍超一流的烹饪工艺水平。这套苏州四季花宴，即使当下五星级酒店内，也非轻而易举做出来，难能可贵的是这些在象牙塔内的师生。他们深爱着这项创造美的事业，在努力学习烹调技法基础上，充分利用自身传统学习、文化底蕴储备、现代食品科技研究等多方面的优势，创新创研。虽然这些菜肴美点，都能在苏州古籍菜谱及传统苏州菜单中找到原形，但是，他们摒弃照搬照套，更多的是进行传承创新，使得这些菜肴美点更适合当下社会消费需求，有旧味也有新意，经得起时间考验，又能在旅游餐饮市场有一席之地。同时，这也是一次校企合作的成功范例。编写出版此书，旨在弘扬苏州饮食文化，更能与多方合力开创美食科研项目，未来投入市场服务大众。

写罢这些文字闭目回想，书中的上百幅精美彩图亦诗亦画；文字陈述翔实舒展，制作说明有板有眼；烹饪技艺、刀法、火功又穿越古今；美肴卷食、鲈鱼鱼脍、花馔船点等巧思妙搭历历在目。这套苏州四季花宴将吴地四时饮食之美尽显，实为不可多得的佳作，定将成为苏州餐饮史上能传承下去的经典名宴。

若要问起这"四季花宴"中的真正秘诀，还是只能引用《吕氏春秋·本味篇》里的句子："鼎中之变，精妙微纤，口弗能言，志弗能喻。"

前　言

　　"苏州四季花宴"是高职（含五年制）烹饪工艺与营养专业的必修课程，是烹饪专业产教融合人才培养的主干课程，也是苏帮菜非遗文化的特色课程。其课程对应的是中西厨房工作岗位。通过此课程的学习，学生能掌握苏州四季花宴设计制作方法和技能，提高厨房工作能力，为从事厨房各岗位工作打下坚实的基础。该书是为配合本课程教学而撰写的教材。

　　编写者深入贯彻党的十九大报告中提出的"深化产教融合、校企合作"的职教指导思想，贯彻国务院印发的《国家职业教育改革实施方案》（国发〔2019〕4 号）、国务院办公厅印发的《深化产教融合的若干意见》（国办发〔2017〕95 号）、教育部等六部门印发的《职业学校校企合作促进办法》（教职成〔2018〕1 号）等文件精神，以落实立德树人为根本任务，以深化产教融合、校企合作为导向，以校企"双元"合作开发教材为路径，弘扬中华优秀传统文化，坚定文化自信，充分发挥教材建设在提高人才培养质量中的基础性作用。本书突出学生职业道德素养、工匠精神、创新精神和实践能力的培养，体现努力培养德、智、体、美、劳全面发展的高素质技术技能人才的目标，倡导改革毕业考试形式，建立产教融合人才培养模式。本书继承传统宴席精粹，立足现代菜点制作技术，探索多元融合宴席呈现方式，采取理论知识与实践知识整合、跨课程知识整合、跨学科知识整合的编写理念，深化课程教学内容的产教融合。

　　四季花卉是四季的象征，桃花、荷花、桂花、梅花，分别寓意桃李芬芳、廉洁自律、高贵优雅、坚韧不拔，花卉入馔是中国优秀传统饮食文化。"朝饮木兰之坠露兮，夕餐秋菊之落英。"早在 2000 多年前，屈原《离骚》中就已经流溢出花卉的美味。花卉入馔，包括花的叶、子、果、根茎等可食部分，可茶，可酒，可菜，可点，炒、炸、烩、煮皆可，历代名品迭出，散发出诱人的花香和美味。战国时期"青梅煮酒"的故事，让我们把美酒与英雄联系在一起，青梅酒也因此名扬天下。传说吴刚月宫伐桂，酿出了桂花美酒。唐代白居易《桥亭卯饮》诗中的"就荷叶上包鱼鲊",宋代林洪《山家清供》中的"梅粥""广寒糕",元代倪瓒《云林堂饮食制度集》中的"莲花茶",明代高濂《遵生八笺》中清香满颊的"丹桂花糕",还有清代沈复《浮生六记》中描述芸娘巧制的香韵尤绝的"荷花茶",更有清代顾仲《养小录》中"花"样百出的"餐芳谱"。食用花卉有祛病延年的食疗功效。桃花能治水肿、脚气、痰饮、积滞等疾病。荷的全身都是宝,叶、花、子、莲房、花蕊、子心、荷蒂、根茎(藕)、藕节均有食疗功效。桂花有化痰、散瘀的功效。梅花能开郁和中,化痰,解毒。现代科学研究认为,食用花卉中含有抗氧化物质,可延缓衰老,养颜美容。食用花卉是一种典型的高钾低钠食物,是高血压、糖尿病患者的理想食品。花卉中的纤维素和色素被人体吸收后能清除体内的自由基,有防癌、抗癌的作用。近年来,健康时尚的花卉美食受到越来越多食客的青睐。本书以四季花卉为主题,以任务驱动为编写体例,任务中涵盖宴席赏析、文化导读、风物特产等充满文化气息的内容,便于学习者在学习技能中体验传统文化的魅力。

"苏州四季花宴"课程共 144 个学时,8 个学分。课程教学内容分为 4 个项目,每个项目包括 8 个任务(36 个学时),分别遴选春、夏、秋、冬四季花宴中的典型作品。

本书是学校"产教融合、双元育人"研究与创新实践的阶段性成果。参与此项目的人员是江苏省职教学会重点课题"校企名师工作室共同体引领下的产教融合人才培养课程研发"、校级实践型研发项目"产教融合、校企合作背景下的苏帮菜四季宴席设计开发"的课题组成员。本书由胡建国、曹健主编,参与撰写的人员(排列不分先后)还有:许伟、汤海莲、毛恒杰、蔡一芥、鞠美玲、杜林、陆静、查雅婷、朱正青。石庆、屈桂明、李昕白、张骏杰、徐铭轶、黄佳斌、宋家豪,部分学生参与了宴席研发。本书在撰写过程中参阅了一些专家、学者的相关文献,对被引用成果的作者谨此致谢。本书的撰写得到了苏州市烹饪协会、苏州饮食文化研究会、校企合作单位苏州市得月楼餐饮有限公司、知名五星级酒店等大力支持,诸多中国烹饪大师、苏帮菜非遗大师对教材编写提出了建设性意见,在此对他们表示衷心的感谢。

由于时间仓促,编写者水平有限,本书不足之处在所难免,恳请广大读者提出宝贵意见和建议。

编 者

2021 年 3 月

教学参考　　任务检测

目录

春之桃宴

项目一

「百花」在盘中绽放，万紫千红，春意盎然，春食诱人。春风和煦催桃花开，麦青菜绿鱼虾肥。太湖虾仁，飘出桃李芬芳；桃花流水鳜鱼，沁出碧螺茶香；青团的麦香，马兰头和枸杞头的清香，江南腌鲜的笋香，樱桃汁肉的滴滴浓香……道道春食，尽在盘中，散发出春天的味道。

宴席赏析

　　绿色是春天的符号，树上的香椿头，田间的枸杞头，田边的马兰头，苏州春天的吃食"三头"落到盘中，绿意盎然的美味春色在春之桃宴上散发着春的气息。春天的花朵在绿色簇拥下显得更加娇艳。香干拌马兰头，摇身一变，绽放成"大丽花"，与绣球鸭舌、葵花鹅肝、月季鸡脯、牡丹花鱼、糟味桃虾、山茶椿糕、芥蓝绿菊、佛手瓜花、墨鱼菊花组成"百花争艳"的姑苏春令冷碟，满满的春味春色，挑起春天的味蕾。

　　"西塞山前白鹭飞，桃花流水鳜鱼肥。"桃花和美食是有缘的，桃花盛开的江南，正是品味春食的最佳时节。桃花没有玫瑰的妖娆，也没有海棠那样的浓艳。"桃之夭夭，灼灼其华。"桃花是粉艳的，桃花是娇嫩的。热菜春融桃艳——桃花炒虾仁，菜色粉嫩，花香宜人，鲜爽滑润，把春天融化在桃色的餐盘中，一勺一口春，春味萦绕舌尖。据古医书记载，桃花能细腰身。桃花入馔，瘦身又健美。太湖春早，碧螺春茶上市，沏一杯清茶，茶汁和入鳜鱼泥茸，巧手卷曲如螺的碧螺春茶，放入熬制的鱼汤，一如清澈的太湖春水，在茶与鱼的融合中尽显太湖春早的滋味。

　　樱桃肉，苏州人开春必尝的一块肉，乾隆时期由苏州织造府厨师张东官带入清宫，深得乾隆赞赏，到了清代末年，又受到慈禧宠爱，并流传至今。热菜樱红菜绿，仿制慈禧年间樱桃肉的做法，入樱桃文火秘制，肉汁滴滴香浓，果香四溢，

甜润鲜腴的味感与舌尖的碰撞，春天的滋味甜美芳香，色红艳丽的樱桃肉在金花菜的绿色衬托下，勾勒出江南红肥绿瘦的早春图，春意无限。笋兼具清、洁、芳馥和松脆的蔬食四美，李渔视其为蔬食上品。苏州附郭诸山的笔杆春笋破土而出，青青笋衣，脆嫩爽口，笋肉鲜洁，清香宜人，与春日的时蔬蘑菇、豌豆合烹，春蔬满盘，清新赏目。冬去春来，腌笃鲜登场，成为苏州春日餐桌上的常客。春天一到，冬天腌制的家乡肉，经过一个冬季的时光洗礼，还透着新鲜时的润泽，肉质微微变红，散发出醇香，与鲜肉搭配，放入春笋，小火笃上一个时辰，冬日的滋味融化在春天中，砂锅溢出的是春天的阵阵清香。

春天的点心是有绿意的。青团是麦田的春色春味，麦草清香飘过一个春季，青团是把人带入春天田野的使者。麦香正是食蚕豆时，豆瓣蒸熟制成泥，分别调葱油、奶香两味馅心，将两种味型的豆瓣泥馅心包入米粉团中，用船点的手法捏成豆瓣形状，与雪菜做成了农家雪菜豆瓣汤，搭配玉兰花酥点。两款春点，玉兰粉红蚕豆绿，庭园春色显春盘。中西融合的春风桃李点心，象形桃子、李子点心，惟妙惟肖，甜美爽口，盘饰精美，恍如春风扑面而来，"桃李不言，下自成蹊"，暗合了春之桃宴的主题。

项目目标

1. 熟知春之桃宴菜单设计、原料采购、菜品制作、保管等工作过程知识。
2. 掌握春之桃宴的菜品设计方法及其制作的相关知识。
3. 掌握春之桃宴宴席生产规范与工艺要求。
4. 合作完成春之桃宴设计制作的一般岗位工作任务。

菜单设计

"竹外桃花三两枝，春江水暖鸭先知。"春天，万物复苏、生长，桃子、李子、枇杷、樱桃、菠萝、羊角蜜甜瓜、桑葚……编织一个又一个的春天故事。"百花"在盘中绽放，万紫千红，春意盎然，春食诱人。春风和煦桃花开，麦青菜绿鱼虾肥。太湖虾仁，飘出桃李芬芳；桃花流水鳜鱼，沁出碧螺茶香；青团的麦香，马兰头和枸杞头的清香，江南腌鲜的笋香，樱桃汁肉的滴滴浓香，道道春食，尽在盘中，散发出春天的味道。

菜 单

水 果

春天故事

（水蜜桃，樱桃，火龙果，杧果，菠萝，羊角蜜甜瓜，桑葚，配桃脯）

冷 菜

主盘：百花争艳

围碟：绣球鸭舌，葵花鹅肝，月季鸡脯，牡丹花鱼，糟味桃虾，

山茶椿糕，芥蓝绿菊，佛手瓜花，大丽马兰，墨鱼菊花

热 菜

春融桃艳（桃花虾仁，果味凤尾虾）

太湖春早（碧螺鱼茶汤，茶香鳜鱼卷）

春野芳甸（枸杞头鸡丝配天妇罗枸杞头）

樱红菜绿（古法樱桃肉配炒金花菜）

春蔬满盘（春笋衣，蘑菇，豌豆）

冬去春来（水乡腌鲜）

点 心

庭园春色（雪菜豆瓣汤，玉兰酥，蚕豆形青团）

春风桃李（桃子酱糯米糍，李子树莓慕斯）

任务一

春天故事

任务目标

1. 了解春天故事的原料知识及其制作的相关知识。
2. 熟知春天故事的设计要求及其制作的主要工作过程。
3. 掌握春天故事的制作方法、操作规范和操作关键。
4. 独立完成春天故事的制作任务。

文化导读

菜肴命名的艺术

给菜肴命名就像是赋予一道菜品灵魂，是各种菜品内容形象化的反映。中国历史上下五千年，文化源远流长。那些脍炙人口的美食名吃、美味佳肴能够名扬四方，不仅仅因为菜肴的味道极佳，还因为菜肴的名字朗朗上口，让人耳目一新而广为流传。饮食文化造就了菜肴命名方法的多样化。有直截了当能从名字中就知道用了什么原料、什么刀法、什么调味、什么烹调方法的，如白灼虾、盐水鸭、干煸四季豆等；也有用地名、人名等命名的，如南京板鸭、东坡肉等；还有用故事、典故命名的，如霸王别姬、一品豆腐等。菜肴的命名包含着老百姓多彩的生活、广阔的地域文化、丰富的人文和历史。一道精美的菜肴从其美妙的名字就能让人感知其中的诗情画意。菜肴的命名并不是随意的，一个好的名字能赋予菜肴更强的生命力。因此，除了菜肴的色香味形俱佳外，给菜肴起个好的名字，就显得尤为重要。人们在品尝美味佳肴的同时，亦是体味菜肴的背后蕴藏着的一段历史文化、一首诗、一个美丽的传说经典。菜肴的名字具有强烈的感染力，能够使人产生美好的想象力，也引发人们眷恋故乡、思乡怀人之情；雅趣巧妙的名称能使菜品先声夺人，满足人们对美的追求。菜肴命名的透彻得体，与一个厨师的文化素养息息相关。厨师在学习菜肴制作的同时，也要不断提高理论和专业文化水平，拓宽视野，这样才能使文化理论功底与制作技艺技巧互相促进，相得益彰。

风物特产

【桑葚】桑葚，又名桑果、桑枣、葚子等，为桑科植物桑树的成熟果穗，大多为红紫色或黑色长圆形聚花果，一般长1～2.5厘米，每年4～6月果实变为黄棕色、棕红色至暗紫色时采收。桑葚，汁浓似蜜，甜酸清香，营养成分丰富，被誉为"第三代水果"。桑葚入药，始载于唐朝的《唐本草》。中医认为，桑葚味甘性寒，入心、肝、肾经，有滋阴补血作用，并能治阴虚津少、失眠等。桑葚是一种药食两用的原料，被誉为"民间圣果"。可鲜食，亦可晒干或略蒸后晒干食用。《随息居饮食谱》谓："（桑葚）可生啖（宜微盐拌食），可饮汁，或熬以成膏，或曝干为末。设逢歉岁，可充粮食。"桑葚，在水果拼盘中能起到很好的调配作用。

选料

羊角蜜甜瓜	100 克
菠萝	150 克
桑葚	20 克
樱桃	50 克
水蜜桃	50 克
火龙果	20 克
杧果	100 克
巧克力	150 克

营养分析

能量（kcal）	154.1
蛋白质（g）	2.6
脂肪（g）	0.6
糖类（g）	38.6
维生素 C（mg）	43.2

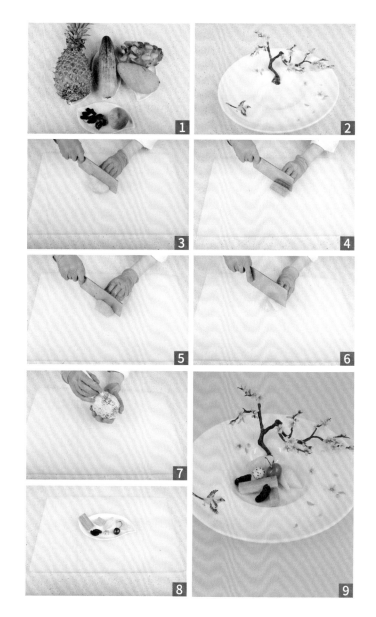

1. 原料图	2. 点缀盘子	3. 切菠萝
4. 切羊角蜜甜瓜	5. 切杧果	6. 切水蜜桃
7. 挖火龙果	8. 切配好的水果	9. 成品图

制作方法

① 将盘子用巧克力、果酱画装饰，菠萝切 1 厘米的厚度，修成圆形，平分后取四分之一。

② 羊角蜜甜瓜修成长 6 厘米、宽 1.5 厘米、高 1.5 厘米的长方体，杧果修成边长为 3 厘米的正方体。

③ 水蜜桃取四分之一，修成两等边长为 6 厘米、底边长为 2 厘米的三角形，火龙果用挖球器挖成直径为 2 厘米的圆球，桑葚、樱桃洗净，摆盘即成。

制作关键

切料时要注意形状整齐，大小搭配和谐，颜色搭配适宜。制作过程中需要注意原料的食品卫生要求。

饮食建议

桑葚含有多种维生素和矿物质，还含有膳食纤维、鞣酸、苹果酸等，具有明目、抗衰老、抗动脉粥样硬化的作用。菠萝含有大量的糖类、维生素C、果胶等营养素，具有健胃消食、解热消暑等功用。杧果和羊角蜜甜瓜富含糖类、β-胡萝卜素和维生素C等营养成分。杧果具有延缓衰老、预防心脑血管疾病的功效，过敏体质者应慎食。

任务总结

春季吃适量的水果，不仅补充水分，而且补充各种维生素和营养。通过春天故事水果拼盘的制作，学生能够学习水果拼盘的主题造型设计；通过营养成分分析，学生可以了解相关食物的饮食宜忌。通过任务实施，学生应掌握水果原料选择要求，学会根据主题来处理水果组合艺术和制作技法。

专家点评

春天故事水果拼盘虽然是一道普通的各客水果盘，但通过盘饰的精彩运用，餐具的巧妙搭配，水果的精心挑选，让人感受到了春天的气息。面塑与果酱画勾勒出春天的景色，平边的草帽盘将水果包裹起来，犹如春天的嫩芽，简洁而不简单。

任务二
绣 球 鸭 舌

任务目标

1. 了解苏州传统鸭馔的相关知识。

2. 熟知绣球鸭舌的设计要求及其制作的主要工作过程。

3. 掌握绣球鸭舌的制作方法、操作规范和操作关键。

4. 独立完成绣球鸭舌的制作任务。

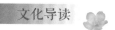

文化导读

苏州传统鸭馔

今朝雷祖香初罢，松鹤楼头卤鸭浇。

——金孟远《吴门新竹枝》

苏州自古以来就是有名的鱼米之乡，城内河道纵横，城外湖泊众多，湿地滩涂等星罗棋布。苏州人自古就善于牧鸭。《吴地记》上记载，在吴县东南二十里处，有一座鸭城，是吴王牧鸭之所。之后，苏州地区也一直以养鸭著称，甚至扬州的牧鸭人也会来苏州购买优良鸭种。苏州的鸭种以娄门鸭最为著名。旧时娄门外有孵鸭所和养鸭场，集中养殖鸭子，颇有吴王遗风。娄门鸭也衍生出了昆山麻鸭、太湖鸭等优良品种，为吴地的鸭馔提供了丰富的烹饪原料。

老苏州们讲究不时不食，春季吃酱鸭，夏季吃卤鸭，秋天吃盐水鸭，冬天吃爐鸭。苏州鸭馔名声不凡，松鹤楼的卤鸭最为著名，就如诗中所说"松鹤楼头卤鸭浇"。《苏州风俗》曾把松鹤楼的卤鸭列为苏州名产。卤鸭是用红曲烧制，酱汁浓厚。此外，昆山也有卤鸭，却是原汤白煮，滋味鲜美。酱鸭与卤鸭仿佛，也是用红曲煮的鸭子，只是事先用盐水腌渍，多作为熟菜食用。旧时以陆稿荐、三珍斋两家的酱鸭为绝品。苏州刺史、唐代著名诗人陆龟蒙也好鸭。他曾在震泽之南养过鸭子。如今甪直还有他养鸭的故地。陆龟蒙号甫里先生，苏州有一道以他名字命名的鸭馔——甫里鸭羹。

【娄门鸭】娄门鸭是我国著名的地方禽类品种，原产地为江苏省苏州市，因为当地养鸭的群众及孵坊集中在娄门一带，故名娄门鸭。该鸭是在原产地特定生态环境下，经过长期选择形成的肉蛋兼用型鸭遗传资源。娄门鸭性情温和，产蛋量高，肉质细腻，含脂适中，口味较好。娄门鸭，又名娄门大鸭，鸭头大喙阔，体型长方。成年娄门公鸭头颈墨绿色有光泽，背部黑色，部分主翼羽有白点，胸部棕色，腹部灰白色，尾部黑色，有性羽，喙黄色，少数略带青色，胫、蹼橘红色。成年母鸭以红麻羽为主，少数深麻羽、镜羽蓝色，喙青灰色，胫、蹼橘黄色。雏鸭体躯绒毛以黄色为主，头部有黑斑，尾部黑色。最具名气的苏州酱鸭就是选用当地所产的膘肥、肉嫩、体大、皮白的娄门鸭为原料制作而成，深受苏城人的喜爱。

任务实施

选料

鸭舌	250 克
香葱	2.5 克
生姜	1.5 克
蒜头	3 克
红曲粉	25 克
冰糖	100 克
香叶	1 克
小茴香	1.5 克
八角	1.5 克
桂皮	1 克
精盐	10 克
辣椒粉	15 克
芝麻油	10 克
蚝油	5 克
生抽	7.5 克
老抽	5 克
黄酒	20 克

营养分析

能量（kcal）	428.9
蛋白质（g）	28.0
脂肪（g）	31.5
糖类（g）	15.1
维生素 A（μg）	521.8
磷（mg）	199.5
铁（mg）	6.5

制作方法

① 对鸭舌进行刀工处理，去除骨头，锅内放入香葱、生姜、蒜头、黄酒，鸭舌焯水备用。

② 制作卤汁，用红曲粉、冰糖、香叶、小茴香、八角、桂皮、蚝油、生抽、老抽调制卤汁，鸭舌放入调好的卤汁浸泡 3 小时，待上色入味。

③ 鸭舌捞出沥干，入烤箱，烤箱上下温度调至 150℃，烘烤 30 分钟。

④ 鸭舌放入麻油、辣椒粉拌匀，放入盘中摆成绣球花状，周边撒上辣椒粉。

制作关键

对鸭舌进行刀工处理时，要注意将其骨肉彻底分离，以免肉中带骨，影响口感。鸭舌一定要多浸泡一段时间，等上色入味后方可捞出。在烘烤时，要将鸭舌水分烤干，使其口感干香。

1. 选用原料　　　2. 刀工处理　　　3. 焯水除味

4. 放凉去沫　　　5. 骨肉分离　　　6. 调味上色

7. 烤干水分　　　8. 拌油提亮　　　9. 摆盘装饰

鸭舌富含蛋白质，且易于人体消化吸收。此外，鸭舌还含有脂肪、磷、铁、维生素 A 和烟酸等营养成分。鸭舌所含的磷脂，对神经系统有重要作用。鸭舌具有温中益气、健脾胃、活血脉、强筋骨的功效。鸭舌一般人群皆可食用，尤其适合营养不良、畏寒怕冷、体质虚弱的人食用。

任务总结

绣球鸭舌如春日里绽放的花儿，搭配果酱绘制出来在水中徜徉的鸭子，勾勒出一幅春江水暖鸭先知的画卷来，点缀点点粉色的桃花形果酱花，更有着桃花流水的意境。通过绣球鸭舌的原料选择，学生领略原料文化的魅力。通过制作绣球鸭舌，学生掌握原料的加工制作要求，并掌握分析营养的方法与装盘构思创作技巧，能够举一反三，不断摸索创新。

专家点评

这道冷菜巧妙运用鸭舌的自然形态，拼摆出绣球花的造型。鸭舌前段的卷曲圆弧就像自然的花瓣，红曲粉赋予鸭舌鲜艳的红色，辣椒粉增加了复合的口味，虽形态小巧但味道丰富，令人回味无穷。

任务三

牡丹花鱼

任务目标

1. 了解牡丹花鱼的原料知识及其制作的相关知识。

2. 熟知牡丹花鱼的设计要求及其制作的主要工作过程。

3. 掌握牡丹花鱼的制作方法、操作规范和操作关键。

4. 独立完成牡丹花鱼的制作任务。

文化导读

花色单盘造型艺术

　　花色单盘，通常以花卉作为造型对象，以获得造型效果。冷拼制作应该从大自然中获取造型所需要的素材，丰富冷拼造型。花色单盘制作可以从观察大自然的花卉中获得启示，我们应该走进大自然，观察花卉的自然形态。一是通过观察，寻找与花卉形态相似的烹饪原料；二是借助冷拼原料制作获得造型；三是通过刀工技法与拼摆手法获得造型效果。冷菜造型有着许多热菜、点心不能比拟的便利条件，这决定了它在题材选择方面有广阔的天地，在形象表现上可以更丰富多样。一碟一造型的冷菜可以表意抒情，多碟组合造型的冷菜更可以表现丰富的内容。古人梵正曾将辋川别墅 20 个风景，用鲊臛、脍脯、醢酱、瓜蔬，黄赤杂色，拼置成景物，若坐及二十人，则人装一景，合成《辋川图小样》。现如今，厨艺大师则更是将这种技艺发挥到了极致。

　　【黑鱼】黑鱼，乌鳢的俗称，又名乌鱼、火头鱼、蛇皮鱼、生鱼等。为鳢科动物，大部分地区的河流、湖泊、池沼中均有分布。黑鱼肉多刺少，肉厚而致密，味鲜美，熟后肉发白而细嫩，是上等食用鱼。黑鱼可加工成片、丝、丁、条、茸泥等形状，还可以花刀造型。在味型上以咸鲜为主，以突出原料本身的鲜美滋味。黑鱼肉质结实，不容易散碎，是制作炒鱼片、炒鱼丝、爆鱼丁等菜肴的上等原料。

风物特产

1. 选用原料　　2. 黑鱼改刀　　3. 黑鱼斜批
4. 两面拍粉　　5. 敲打至薄　　6. 入油炸制
7. 调杞果酱　　8. 鱼片刷酱　　9. 成品图

 任务实施

选料

黑鱼鱼叶子	250 克
淀粉	75 克
色拉油	100 克
杞果酱	25 克
白砂糖	10 克
清水	5 克

营养分析

能量（kcal）	640.2
蛋白质（g）	46.4
脂肪（g）	13.4
糖类（g）	82.8
钙（mg）	381.8
磷（mg）	580.0

制作方法

① 黑鱼鱼叶子修成花瓣形状，然后斜批成薄片，大大小小 10 片。

② 将薄片两面都拍上淀粉，用擀面杖反复轻轻敲打两面至更薄，再修剪成花瓣形状。

③ 大火升油温至 150℃转为小火，将花瓣鱼片放入其中炸制香脆备用。

④ 锅中加入白砂糖 10 克、水 5 克，小火加热使糖化开无颗粒，再加入杞果酱 25 克，小火烧至黏稠。

⑤ 将炸好的鱼片表层裹上杞果酱，摆成牡丹花形，装盘即可。

制作关键

对鱼叶子进行刀工处理时，鱼叶子是要带皮的。用擀面杖敲打鱼片时，一定要反复敲打，最后再轻轻擀一下，确保鱼片厚薄一致。炸制鱼片时，要凹好造型，炸制成弯弯的花瓣形。

黑鱼含有大量的优质蛋白质，肌纤维细嫩，易于消化吸收，还含有人体必需的钙、磷、锌、铁及多种维生素。黑鱼具有健脾利水、益气补血、通乳等功效，尤其适合产妇、身体虚弱、脾胃气虚、营养不良、术后之人食用。

任务总结

黑鱼骨刺少，含肉率高，营养丰富，蛋白质含量高于鸡肉、牛肉。牡丹花鱼中鱼片香脆爽口，外酥里嫩，色味俱全。黑鱼肉质嫩，易消化，补脾益胃，利水消肿，调补阴阳，活血通络，强劲筋骨，养血补虚，适合老人、儿童和体质虚弱的人食用。

专家点评

此道冷菜是在传统重油鱼基础上的创新冷菜，用黑鱼做原料，成菜口感更酥脆又不失弹性。调味选用了杧果汁，酸甜更为平衡，果香浓郁。将自然卷曲的带皮鱼片组合起来，构成了一朵金灿灿的牡丹造型，艺术性与食用性融为一体。

任务四

春融桃艳

任务目标

1. 了解春融桃艳的原料知识及其制作的相关知识。

2. 熟知春融桃艳的设计要求及其制作的主要工作过程。

3. 掌握春融桃艳的制作方法、操作规范和操作关键。

4. 独立完成春融桃艳的制作任务。

桃花入馔艳满盘

　　春天，明艳动人的桃花，常常引得诗人争相吟咏，"桃之夭夭，灼灼其华""人间四月芳菲尽，山寺桃花始盛开"。自古以来题咏桃花的诗词不胜枚举。以花入馔的传统技艺古来有之，姹紫嫣红的花朵不仅色彩雅丽，清香四溢，有利于增进食欲，还具有一定的食疗作用。春融桃艳主要由桃花炒虾仁和果味凤尾虾两部分组成。春天独具代表性的桃花入肴馔使菜品明艳动人，营养均衡，风味独树一帜。梁实秋在《水晶虾饼》中提到，清炒虾仁鲜明透亮、软中带脆。桃花炒虾仁便是在清炒虾仁的基础上进行的改革创新。虾仁中加入桃花状地瓜，改善了菜肴的营养和口感，配以果味凤尾虾，丰富了菜肴滋味，合理的装盘点缀使菜肴与春季主题高度契合。

风物特产

【河虾】河虾，学名日本沼虾，因虾体青绿俗称青虾。江南水乡四季有虾。北宋书学理论家朱长文于《吴郡图经续记》中记载："吴中地沃而物夥，其原隰之所育，湖海之所出，不可得而殚名也。"河虾广泛分布于我国江河、湖泊、水库及池塘中，其滋味鲜美，营养丰富。河虾的吃法很多，可炒可爆，亦可以烧、糟、炝、煮等烹调方式成菜，冷菜可制成油爆虾、盐水虾、糟虾等，河虾去壳出肉可做成虾仁炒蛋、龙井虾仁、翡翠虾仁等众多名菜。此外，春末夏初时节，河虾鲜香肥美，母虾带子称为带子虾。晒干的虾子可做虾子茭白、大煮干丝、虾子蒸蛋等菜肴。小虾晒干去壳后称为虾米，可用于制作虾米蛋羹和虾米茭白等菜肴。

1. 选用原料　　　2. 对虾开背　　　3. 对虾虾仁上浆
4. 对虾虾仁滑油　5. 河虾虾仁上浆　6. 河虾虾仁滑油
7. 河虾虾仁清炒　8. 调制酱汁　　　9. 河虾虾仁勾芡
10. 点缀摆盘

任务实施

选料

河虾虾仁	400 克
对虾	400 克
桃花花瓣	25 克
鸡蛋	60 克
地瓜	50 克
色拉油	200 克
百香果	50 克
柠檬	50 克
杧果汁	50 克
甜菜汁	50 克
食用碱粉	1 克
精盐	1 克
味精	1 克
绵白糖	25 克
淀粉	10 克

营养分析

能量（kcal）	871.9
蛋白质（g）	95.2
脂肪（g）	35.0
糖类（g）	45.0
钙（mg）	316.2
磷（mg）	1268.7

制作方法

① 对虾去头剥壳取虾仁，背部开花刀，加食用碱粉搅打 5 分钟以上，清水冲漂，擦干后调味上浆滑油备用。

② 地瓜刻出桃花状，浸泡于甜菜汁中上色，河虾虾仁漂洗后擦干，上浆滑油后清炒河虾虾仁，再在锅中加入地瓜、桃花花瓣。

③ 低油温放入对虾虾仁，等待逐渐升温加入杧果汁、百香果汁、柠檬汁，熬制浓稠后，淋在对虾虾仁上。

④ 将清炒河虾虾仁堆垒起来，旁边放置两颗果味对虾虾球，再以火龙果球、红樱桃、柠檬等点缀装盘即可。

制作关键

对虾须挑去虾线，用清水浸漂搅洗至色白，行语称为"打水"。河虾虾仁和对虾虾仁均须用盐、淀粉、鸡蛋等裹拌外表，使外层均匀粘上一层薄质浆液，使制品外表形成软滑的保护层。桃花虾仁和果味凤尾虾两部分均须进行勾芡。芡汁的浓稠度要适中，过浓会导致原料表面芡汁无法黏裹均匀，芡汁过稀又缺乏菜肴黏附力。

饮食建议

　　虾是一种高蛋白、低脂肪的食品，还含有丰富的钙、磷、碘等矿物质成分，且肉质松软易消化。虾性温味甘，有补肾壮阳、养血固精、强身延寿等功效。虾一般人群均可食用，尤为适合中老年人、肾虚阳痿、脾胃虚弱者，体质过敏者不宜食用。

任务总结

　　春融桃艳由桃花虾仁和果味凤尾虾两部分主体构成，以柠檬、红樱桃、火龙果等水果装饰点缀，色彩协调，营养丰富。虾仁口感爽滑，富含蛋白质，脂肪含量低，肉质细嫩爽滑，鲜香适口，略有嚼劲。桃花虾仁咸淡适宜，果味凤尾虾果香浓郁，两者结合在一起，菜形雅致，色泽协调，芡汁清亮，虾仁滑嫩，凤尾虾外脆里嫩，食后清口开胃，令人回味无穷。

专家点评

　　春融桃艳在传统菜肴水晶虾仁制作基础上加以创新，地瓜刻出桃花形状，香脆可口，虾仁肉质有弹性且滑爽，菜肴整体双重味型，口感丰富。通过合理的装盘点缀，成品菜肴与春之桃宴主题相呼应，是一道色、香、味、形、质俱佳的菜肴。

任务五

太 湖 春 早

任务目标

1. 了解太湖春早的原料知识及其制作的相关知识。

2. 熟知太湖春早的设计要求及其制作的主要工作过程。

3. 掌握太湖春早的制作方法、操作规范和操作关键。

4. 独立完成太湖春早的制作任务。

太湖春蔬

太湖是长江流域的重要湖泊，也是我国五大淡水湖之一。由于其地势低洼、湖面广阔、水质优良等有利条件，这一区域种植和培育的水生作物，无论在品种数量还是在质量上，都有着明显的优势。

产自太湖的四季蔬菜种类繁多，其中不仅有"水八仙"之美誉的茭白、莲藕、水芹、芡实（鸡头米）、茨菰（慈姑）、荸荠、莼菜、菱，而且还有让食客趋之若鹜的四叶菜、菊花脑、纹纹头、梅树菌等食材。太湖地区的春季蔬菜作物也很具有自己的特色，如苏州吴江所种植的香青菜。此菜只有在吴江太湖沿岸约51平方千米地方生长的才最为正宗，由于其自然香味最浓、口感最糯，堪称青菜品种中的上品。太湖春季其他的蔬菜还有荠菜、金花菜、香椿、蚕豆、马兰头等。

【蚕豆】蚕豆，别名南豆、胡豆等，属于豆科、豌豆属，一年生或越年生草本植物。蚕豆起源有几种观点，一般认为起源于

亚洲西南部、中部和非洲北部。汉代，随张骞出使西域传入我国。我国西南、华中、华东各地栽培最多。从一些古书记载来看，蚕豆在我国已有 2000 多年的历史。蚕豆用途非常广泛，主要是食用，也可肥用、饲用。新鲜蚕豆可直接烹饪食用，或加工成蚕豆制品。蚕豆制品是指以蚕豆为主要原料，经过一系列特定的加工制作或者精炼提取而得到的产品，它们一般也具有蚕豆丰富的营养价值。某些蚕豆制品的营养成分甚至比蚕豆本身更加全面。传统的蚕豆制品一般包括非发酵豆制品和发酵豆制品。非发酵豆制品种类多样，如五香豆、凉粉、粉皮、豆瓣沙等。发酵豆制品一般包括豆瓣酱、酱油、甜面酱等调味品。

风物特产

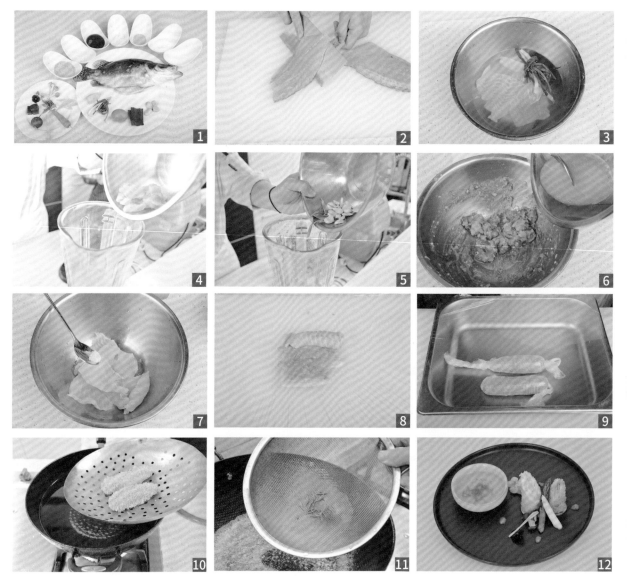

1. 选用原料　　　 2. 分档取料　　　 3. 葱姜去腥

4. 鱼肉制茸　　　 5. 蚕豆、茶叶打碎　6. 鱼茸调制

7. 鱼片调味　　　 8. 鱼片成型　　　 9. 生坯蒸制

10. 裹面包糠炸制　11. "茶叶"焯水　　12. 点缀装盘

制作关键

　　去骨的鱼片上均匀铺上一层鱼茸后用保鲜膜卷紧，并控制好蒸制时间。注意控制下锅炸制时的油温，油温过高会影响成品色泽，过低则会导致水分流失过多，从而影响菜品口感。

任务实施

选料

鳜鱼	2500 克	精盐	1 克
小胡萝卜	200 克	味精	1 克
杨花萝卜	25 克	胡椒粉	1 克
白芦笋	100 克	香葱	15 克
蟹味菇	25 克	生姜	15 克
鸡蛋	60 克	黄酒	25 克
蚕豆粒	250 克	面包糠	50 克
新鲜茶叶	25 克	大麦若叶汁	100 克
色拉油	400 克		

营养分析

能量（kcal）	3334.3
蛋白质（g）	382.3
脂肪（g）	115.6
糖类（g）	203.1
维生素 A（μg）	1752.5
钙（mg）	1194.0
磷（mg）	3888.4
烟酸（mg）	97.5

制作方法

① 鳜鱼分档取净肉后，用葱姜水泡除腥味。

② 用破壁机将鱼肉打成茸，蚕豆打成蓉，茶叶制成粉末，将三种料合在一起，加入胡椒粉、鸡蛋、精盐、味精、黄酒搅拌均匀。

③ 保鲜膜铺平，将鱼片展开后均匀抹上调好的鱼茸，再盖上一片鱼肉，将保鲜膜卷起裹紧，上笼蒸制 5 分钟。

④ 蒸好后撕去保鲜膜，将鱼卷粘上蛋清并裹上面包糠，入油锅炸至金黄色后滤油改刀。

⑤ 鱼茸中加入面粉、大麦若叶汁，拌匀后装入裱花袋，挤出茶叶状后，用开水烫至成熟。

⑥ 鱼骨清蒸制成鱼高汤后过筛备用，将裱好的茶叶状鱼茸放入鱼汤中，配以小胡萝卜、蟹味菇、白芦笋点缀装盘即可。

鳜鱼蛋白质含量高，脂肪含量低，富含烟酸、钙、磷、铁等营养成分，而且鳜鱼肉质细嫩，极易消化。鳜鱼具有补气血、益脾胃的滋补功效，特别适宜老人、儿童、妇女及脾胃气虚者食用。蚕豆中富含优质蛋白质，以及磷脂、胆碱、钙、钾、镁、B族维生素等营养成分，可促进骨骼的生长，具有益气健脾、利湿消肿的功效。

任务总结

鳜鱼又叫鳌花鱼、桂鱼，是我国四大淡水名鱼之一。太湖春早这道菜利用鳜鱼肉多刺少的特点，选用了包卷和制茸两种加工技法。先蒸再炸的烹调方法，不仅最大限度地保留了鳜鱼的营养价值，而且使口感达到了外脆里嫩的效果。蟹味菇、白芦笋和鱼汤的搭配让此菜口味更加协调，营养更为均衡。学生应掌握此菜品的加工、烹调和原料搭配方法。

专家点评

"桃花流水鳜鱼肥"，早春的鳜鱼搭配应季食材蚕豆制成鱼卷，将春天的味道包裹起来，鱼的鲜美与豆的清香融合，油炸使外皮金黄酥脆，诱人食欲。再配上一盏鱼茸制成的鱼汤茶，真是妙不可言。

樱红菜绿

1. 了解樱红菜绿的原料知识及其制作的相关知识。

2. 熟知樱红菜绿的设计要求及其制作的主要工作过程。

3. 掌握樱红菜绿的制作方法、操作规范和操作关键。

4. 独立完成樱红菜绿的制作任务。

清宫名菜樱桃肉

　　樱桃肉为清代宫廷名菜。据《御香缥缈录》记载，慈禧太后年轻时候最爱吃清炖肥鸭、烧猪肉皮，后者亦称为"响铃"。到了暮年，樱桃肉取代了"响铃"的位置，成为慈禧太后特别中意的一道菜。那时，清宫中的御厨烹制这道菜时会将调好味的棋子状块猪肉与新鲜樱桃一起烹制，直至肉酥肥腴并披上了樱桃的颜色，樱桃肉之菜名也由此名声大振。到了宣统年间，这道菜才开始流行于民间。现如今，厨师在烹制这道菜时结合了古代名菜"果子肉"的烹饪方式，采用天然红曲米着色，技法不断改进。

　　【金花菜】金花菜，属豆科苜蓿一二年生草本植物，以嫩茎叶供食用，又名黄花苜蓿、南苜蓿、刺苜蓿、草头、秧草。8月至次年立春3月陆续采收，各地有野生，亦有栽培。陶弘景《名医别录》记载苜蓿"主安中，利人，可久食"。主要分布在长江中下游的江苏、浙江、上海一带。江苏苏州等地将其嫩苗腌作菜蔬，叫腌金花菜。金花菜对肿瘤有抑制作用，是日本国立癌症预防研究所评出的20种抗癌蔬菜之一。金花菜含有植物皂素，植物皂素能和人体的胆固醇结合，促使排泄增加，从而大大降低人体胆固醇含量，有益于防治冠心病。

任务实施

选料

带皮五花猪肉	1500 克
猪蹄（吊汤用）	100 克
鸡爪（吊汤用）	250 克
樱桃	1500 克
金花菜	100 克
罗勒叶	20 克
牛油果	2 个
基围虾	250 克
粳米	50 克
香葱	50 克
生姜	75 克
八角	3 克
香叶	2 克
桂皮	4 克
小茴香	3 克
清水	1000 克
花雕酒	250 克
红曲粉	35 克
冰糖	275 克
精盐	15 克
色拉油	20 克

营养分析

能量（kcal）	4909.7
蛋白质（g）	202.7
脂肪（g）	416.2
糖类（g）	97.7
磷（mg）	1893.4
铁（mg）	23.9
烟酸（mg）	49.8

制作方法

① 带皮五花肉用精盐和花雕酒提前腌制 2 小时备用，大锅中加入冷水、香葱、生姜、花雕酒和带皮五花肉、猪蹄、鸡爪，焯水至断生后取出。

② 另取炖锅，锅中放入少许色拉油，将八角、香叶、桂皮、小茴香炒香后加入水、樱桃、红曲粉、冰糖、五花肉、猪蹄、鸡爪，调味后用大火烹制半小时，再改用小火焖 2 小时，将肉取出改刀，猪蹄、鸡爪取出，另用。再放回锅中继续用原汤熬制肉色红亮即可。

③ 基围虾去壳剔除虾线，虾仁切丁上浆，拍少许面粉炸成虾球。

④ 牛油果去核去皮，切薄片后包裹炸好的虾球备用。

⑤ 金花菜、粳米饭分别炒制后垫在樱桃肉下。

⑥ 用罗勒叶、糖片和新鲜樱桃装饰围边即可。

制作关键

五花肉选用肥瘦比例恰当的黑毛猪或太湖猪，烹调前要将猪皮上的毛去除干净，并用精盐和花雕酒适当腌制，以增加肉的底味，并去除猪肉的膻味。选用的樱桃要新鲜饱满，不能过酸。要确保烹制过程中浓汤满面，时间充分。烹制好的猪肉要待其凉透后再用重物压实。锅中肉汁要过滤干净。出菜前要用原汤继续大火烧制，肉色才能更加红亮。

1. 选用原料　　　2. 猪肉焯水
3. 香料煸炒　　　4. 小火慢煮
5. 虾球拍粉　　　6. 入油炸制
7. 冷却包紧　　　8. 蔬菜熟制
9. 摆盘装饰

饮 食 建 议

　　五花肉富含优质蛋白质、脂肪酸、铁和B族维生素等营养成分，由于胆固醇含量偏高，肥胖人群及血脂较高者不宜多食。虾是一种高蛋白、低脂肪的食品，此外还含有丰富的钙、磷、碘等矿物质成分，且肉质松软易消化。虾有补肾壮阳、养血固精、强身延寿等功效，尤为适合肾虚阳痿、脾胃虚弱者食用。牛油果含有丰富的不饱和脂肪酸，有助于减少心血管疾病的发生，并含有多种维生素及钾、镁等矿物质。

任务总结

　　红焖是苏帮菜中最常用的一种烹调技法，其成品多为深红、浅红或枣红色，且色泽油润。红焖类菜肴先要烧至初步上色，上色需要在味型确定前就要达到。在制作红焖类菜肴的过程中，调色和调味是相辅相成、不可或缺的，但又有主次之别。就樱红菜绿这道菜而言，为了达到红润光亮的效果，在烹调的时候冰糖可选用老冰糖，从而使色泽变得更透，特别是在菜肴出锅前再放入少许冰糖，不但可使卤汁浓稠紧包，而且会让菜肴出品看上去更有食欲。学生应掌握此菜的烹调技法和操作关键。

专家点评

　　樱红菜绿这道菜源自清代宫廷菜，是苏州春季时令菜樱桃肉的升级版。烧制中樱桃的运用为菜肴增添了水果的香甜，又搭配了清香滑润的牛油果、虾球以平缓口味，使菜肴层次更丰富，也提升了菜肴设计的整体效果。

任务七

庭园春色

任务目标

1. 了解庭园春色的原料知识及其制作的相关知识。
2. 熟知庭园春色的设计要求及其制作的主要工作过程。
3. 掌握庭园春色的制作方法、操作规范和操作关键。
4. 独立完成庭园春色的制作任务。

文化导读

清明苏州食俗

相传百五禁烟厨，红藕青团各祭先。

——徐达源《吴门竹枝词》

　　清明的饮食风俗主要有两个由来。其一是由寒食节而来的冷食风俗。寒食节相传是为了纪念介子推为彰明自己不羡权贵被火焚而死。古来寒食节时间因为习俗多有变动，但是最终和清明节气同为一日。寒食节严禁生烟火，居民不开灶台，因此，按照传统提前制作冷食以供所需。古人在寒食节有制作麦粥、杏仁酪等习俗。在苏州还有于清明前后食用酒酿饼的传统。传说张士诚在寒食节向苏州人求取面饼供给饥饿的母亲吃，此饼被称为"救娘饼"，后被误传为"酒酿饼"。其二是由清明扫墓而来的祭祖供神的习俗。清明节扫墓活动，其食俗多多少少会带上祭祀的含义。《吴郡岁华纪丽》中记载，寒食的习俗与烟火供奉鬼神的意图不符，因此又有烧笋和烹鱼的习俗。苏州人从清明开始吃酱汁肉，也蕴含着祭祀祖先的含义。《清嘉录》中就描述了吴人用青麦和米粉做成青团的风俗。江南人好游园踏青，春日也是许多人农忙的时节。用糯米制作的青团便于携带、容易饱腹的特点使其成了清明时节最广为人接受的食物。如今，青团和其他清明食物的物质和文化基础已然改变。清明食俗融入了日常饮食当中，其又在踏青、春忙因素的影响下，变化出了新的食物。

风
物
特
产

【雪里蕻】雪里蕻是苏州人冬日餐桌上常见的传统小菜。雪里蕻，又名雪菜或雪里红，一年生草本植物，属十字花科，是芥菜的变种。其茎叶是食用部分，茎较短，叶子一般摊长在地上。在寒冷的雪地里也能生长。我国南北各地均有栽培。清人汪灏等改编的《御定广群芳谱》中写道："四明有菜，名雪里蕻。雪深，诸菜冻损，此菜独青。"由此可以看出它是冬春两季的重要蔬菜，茎脆叶嫩，口味鲜美。在苏州民间流传着"小雪腌菜，大雪腌肉"的习俗。雪里蕻鲜吃有麻辣味，常腌制后用以调味，味道鲜美，咸腌雪里蕻是苏州当地的传统。雪里蕻鲜加工腌制后味道鲜美，已成为我国各地的家常菜。雪里蕻炒毛豆、雪里蕻冬笋炒肉丝都是老苏州餐桌上的常客。

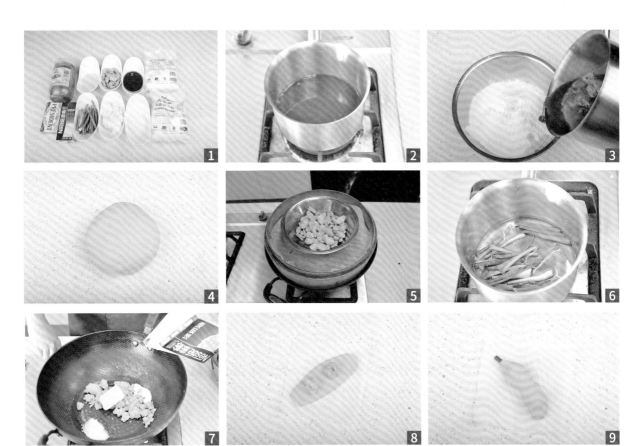

1. 蚕豆荚原料	2. 青汁烧开	3. 调面
4. 成团	5. 蒸蚕豆	6. 熬葱油
7. 炒馅心	8. 包馅制作	9. 象形蚕豆荚

 任务实施

选料

豆瓣	75 克
糯米粉	150 克
面粉	100 克
青汁	188 克
粘米粉	38 克
豆沙	100 克
玉兰花酱	50 克
紫薯粉	3 克
雪里蕻	50 克
蜂蜜	6 克
猪油	55 克
黄油	3 克
白砂糖	3 克
淡奶油	3 克
香葱	17 克
生姜	20 克
黄酒	8 克
精盐	4 克
味精	1.5 克
老母鸡（吊汤用）	2500 克

蚕豆荚形青团制作方法

① 青汁烧开，调制蚕豆荚船点面团，将面团揉至软硬适中。

② 豆瓣蒸熟打成蓉，分别调制葱油味（豆瓣蓉中加葱油和精盐）和奶香味（蓉中加入黄油、淡奶油、白砂糖）。

③ 将面团捏制成长方形，分别包入两种馅心并捏成蚕豆荚形，入笼蒸制 10 分钟，成熟即可。

制作关键

蚕豆荚形青团的馅心口味制作成甜咸双味，掌握蒸制时间、蚕豆节的形态。注意蚕豆面疙瘩面团的软硬度及豆瓣制作的形态。

1. 玉兰花酥原料　　2. 加入紫薯粉调色　　3. 起酥　　4. 改刀　　5. 油炸

6. 玉兰花酥　　7. 青汁水调面　　8. 揉面　　9. 制作豆瓣面疙瘩　　10. 成品图

玉兰花酥、雪菜豆瓣汤制作方法

① 母鸡加香葱、生姜、黄酒熬汤，面粉加青汁、冷水调制成冷水面团，擀薄，用模具压出豆瓣形。

② 雪菜煸炒，加入鸡汤，烧沸，加精盐，放入豆瓣制成雪菜豆瓣汤。

③ 面粉加水、猪油调制水油面；面粉加猪油、紫薯粉调制干油酥面。

④ 将豆沙和玉兰酱调拌成馅心。

⑤ 水油面包入干油酥面，擀成酥面，包入馅心，捏制成长水滴形，用刀纵向切开成玉兰花生坯，入油锅炸至成熟，捞出，装盘。

营养分析

能量（kcal）	2620.6
蛋白质（g）	69.7
脂肪（g）	76.1
糖类（g）	422.5

制作关键

起酥时，手用力要均匀，注意包捏成形时的手法技巧，掌握油炸时的油温。正确掌握糯米粉和粘米粉的比例。

饮食建议

面粉和糯米粉中所含营养物质主要是淀粉，其次有蛋白质、脂肪、B族维生素和矿物质。豆沙有较多的皂角苷、膳食纤维，能润肠通便，降血压，降血脂。此外，它还富含蛋白质、糖类和叶酸，具有健脾利水的作用。雪里蕻富含膳食纤维、钠、钙、磷等营养成分，具有解毒消肿、开胃消食等功效。

任务总结

　　蚕豆荚青团，色泽青绿，形态逼真，咸甜双味。利用糯米粉、粘米粉和青汁调制成团，包入咸甜双味豆瓣馅心，制作成形。玉兰花油酥采用面粉、猪油、紫薯粉调成粉团，包入玫瑰豆沙馅，入锅油炸，脆松酥化。雪菜豆瓣汤，清爽解腻。面疙瘩做成豆瓣形，高汤入菜，添加雪里蕻，口感层次丰富。学生应掌握蚕豆荚青团的捏制手法，玉兰花油酥的开酥技法。

专家点评

　　这是一道充满春天气息的组合面点。粉紫色的玉兰酥是传统荷花酥的创新提升，而碧绿的蚕豆荚也是传统青团和苏式船点的结合，特别是还有一小碗雪菜豆瓣汤，为整道点心增添了一丝灵动、一抹春韵，在品尝点心的同时抿上一口雪菜汤，真是惬意。

任务八

春风桃李

任务目标

1. 了解春风桃李的原料知识及其制作的相关知识。

2. 熟知春风桃李的设计要求及其制作的主要工作过程。

3. 掌握春风桃李的制作方法、操作规范和操作关键。

4. 独立完成春风桃李的制作任务。

文化导读

点心中的春光

春天是一个美丽神奇、富有生命力的季节。春天到了，万物萌生，河边的柳树发芽了，桃花开了，河面上的冰冻解开了，一切都是新的开始，一切都充满希望。绿油油的桃子，加上红红的李子，再配上几只翩翩起舞的蝴蝶，春风桃李，展现的就是这么一幅生机盎然的景象。将春光投射在小小的点心之上，选用黑色内凹盘子，一个桃子酱糯米糍搭配两个李子树莓慕斯，配上一片蝴蝶脆片，底部再放上斑斓汁戚风蛋糕烘干的脆片，口感上包含软、脆、滑的特点，拥有酸、甜、香三种口味，给人带来了丰富的味觉体验。

【桃子】桃子为蔷薇科桃属植物。花可观赏，果实多汁、肉质鲜美，可直接生食，或者制成果脯、罐头食用。桃子品种较多，分为油桃、蟠桃、碧桃、寿星桃等，其中，油桃和蟠桃作为果树栽培，碧桃和寿星桃主要用作观赏。出土文物证实，中国是桃树之乡，种植历史悠久，区域广泛，南至江浙，北至吉林，均有桃树身影。桃子因其富含碳水化合物、粗纤维、有机酸、钙、铁等营养素，深受人们欢迎。桃子一般表面有毛，食用前，可将桃子放入清水中，加入少量的食用碱，浸泡几分钟后清洗，去除桃毛，防止桃毛刺入皮肤，引发皮疹，或者吸入呼吸道引起咳嗽等。桃子在中国传统文化中蕴含多种象征意义，有长寿、健康、生育的寓意，民间通常制作寿桃型的馒头以祝福老人健康长寿。

风物特产

桃子素有仙桃、寿桃之美誉。在《西游记》里，王母娘娘设蟠桃宴招待各位神仙。吃了头等桃子便可与天地同寿，日月同庚；吃了二等桃便可霞举飞升，长生不老；吃了三等桃便可成仙得道，体健身轻。

1. 斑斓汁蛋糕原料　　2. 李子树梅慕斯原料　　3. 李子慕斯脱模　　4. 李子慕斯淋面　　5. 蛋糕片烘干

6. 调制蝴蝶脆片　　7. 蒸熟取出　　8. 桃子酱糯米糍　　9. 成品图

桃子酱糯米糍

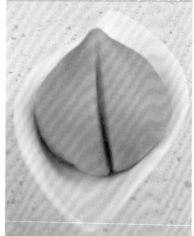

选料

无油白豆沙	270 克
糯米粉	10 克
清水	20 克
抹茶粉	6 克
桃子馅心	60 克

制作方法

① 将桃子馅心放入平底锅中炒干。

② 将无油白豆沙放入微波炉中加热（要勤翻拌），直至无水分时取出。

③ 糯米粉加水和成团，蒸熟后取出，掺入无油白豆沙、抹茶粉揉至光滑。

④ 包入桃子馅心，整成桃子形状，并用工具印出桃子沟，用刷子粘少许红色色粉，轻轻粘在桃子尖上并晕开。

选料

李子酱	18 克
黄油	2 克
树莓果蓉	28 克
吉利丁片	0.5 克
淡奶油	34 克
巧克力	10 克
牛奶	7 克

制作方法

① 将黄油和李子酱放入锅中加热搅匀后，倒入模具中，放冰箱速冻，制成李子馅心。

② 用冰水软化吉利丁片，将巧克力隔水融化，牛奶加热至温热后，冲入巧克力中，将淡奶油打发至六成发，分次加入巧克力牛奶中拌匀，最后加入树莓果蓉、吉利丁片拌匀，制成慕斯液。

③ 先将一半慕斯液倒入模具中，放入李子馅心，再继续倒入慕斯液，直至填满模具，放入冰箱冷冻。

李子树莓慕斯

李子淋面

选料

树莓果蓉	37 克
绵白糖	9 克
吉利丁片	1.5 克

制作方法

① 吉利丁片用冰水软化后隔水融化。

② 树莓果蓉、绵白糖搅拌均匀，加入融化好的吉利丁片。

③ 李子慕斯冻好后脱模，插入牙签，在慕斯表面淋面，淋好后再淋一次，加深颜色即可。

蝴蝶脆片

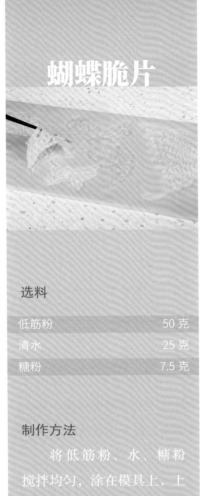

选料

低筋粉	50 克
清水	25 克
糖粉	7.5 克

制作方法

　　将低筋粉、水、糖粉搅拌均匀，涂在模具上，上锅蒸 6 分钟，再放入 120℃油锅里慢慢养熟即可。

选料

蛋清	40 克
斑斓汁	10 克
绵白糖	30 克
蛋黄	25 克
色拉油	10 克
低筋粉	35 克

制作方法

　　① 蛋清中加入绵白糖打至泡沫状。

　　② 蛋黄打散，加入斑斓汁、色拉油搅匀，筛入低筋粉拌匀。

　　③ 取三分之一蛋清糊和蛋黄糊拌匀后，再加入三分之二蛋清糊拌匀，倒入 8 寸蛋糕模具中，上火 160℃，下火 170℃，烘烤 45 分钟。

　　④ 蛋糕晾凉后脱模，用刀修出叶子形状、将锡纸凹成弧形、将叶子形蛋糕片放在表面，形成自然弧度，放入上下火 90℃烤箱中，烘烤 30 分钟。

斑斓汁戚风蛋糕

营养分析

能量（kcal）	1958.3
蛋白质（g）	35.0
脂肪（g）	40.2
糖类（g）	259.0
维生素 A（μg）	102.7

制作关键

在制作过程中，桃子酱糯米糍需要通过添加糯米粉中和过甜的口感；李子树莓慕斯色彩艳丽，有对比度；蝴蝶脆片质感轻薄，纹路清晰。这三点在制作时尤为重要。

饮食建议

桃子富含碳水化合物、钙、磷、钾和维生素等营养成分，所含的果胶能促进肠道蠕动。白豆沙富含蛋白质、碳水化合物和钙，具有温中下气、利肠胃等功效。动物性淡奶油脂肪较高，因此，脂溶性的维生素 A 和维生素 D 的含量也较丰富，此外也含有蛋白质、乳糖、钙和磷等成分。奶油中的饱和脂肪酸较多，不可摄入过量。

任务总结

春风桃李是一道很有特色的春季宴席品种。此点心色彩艳丽，春天的气息扑面而来，给人一种如沐春风的感觉，口味上也能惊艳到食客，可以作为压轴菜品亮相春之宴。学生通过学习，掌握西点中做的设计思路与制作方法。

专家点评

这道春风桃李实际上是一道盘饰西点，其制作技法、食材原料、构成元素都印证了这点。西点的慕斯和淋面、新加坡的斑斓汁、日本的白豆沙组合成型，给人的视觉感受却满含东方审美情趣，是宴会点心中西结合的成功运用。

夏之荷宴

项目二

姑苏自古多植荷渠，夏日荷叶田田。夏日的清爽之味，由『荷』来担纲，『荷』成为苏州夏之宴的主题是最贴切不过的。荷下的珍美食材，鱼虾莲藕、莼菜茭白，清淡爽口的滋味，清凉润喉的味感，开启了夏日味蕾之旅，在荷叶的映衬下，有了绿意，也有了夏日的情怀……

宴席赏析

　　荷叶迎风招展，荷花亭亭玉立，四面垂杨飘荡，这是苏州夏日的一道风景。夏之荷宴在荷的世界里，飘散出夏日的凉爽滋味。嫩荷叶、藕带在沸水中微微一烫，荷叶包裹藕带，在蜂蜜水中浸至入味，摆入盘中，浇上芝麻酱，撒上熟白芝麻，是一款突出荷的夏日凉菜，清爽碧绿，酱香扑鼻，脆嫩爽口，碧荷藕香，秀色可餐。夏日，苏州的美食中能见到"水八仙"之一茭白的身影。至迟到唐代，江南人已开始采食茭白。宋代诗人许景迁《茭白》诗中"柔条恍甚比轻冰"，把茭白比喻成柔软的枝条，其色泽皎洁如冰。虾子茭白是苏州夏日的经典凉菜，虾子鲜醇，茭白细嫩，清淡爽口，辅以茉莉，飘出花香，仿佛能听到路边茉莉花的叫卖声，闻到阵阵花香，也多了一份怀旧。

　　农历五月端午前后是河虾最肥美的时节，清风三虾配荷花天妇罗是夏之荷宴的主打菜。苏州人吃食的精细，体现在做工的精心上，虾子汰出，虾脑剥出，虾仁挤出，看似一个烦字，实是吃的一种讲究。虾子、虾脑、虾仁合称"三虾"。合炒，虾子鲜香、虾脑鲜腴、虾仁鲜嫩，三鲜聚美，三色杂陈，配搭荷花天妇罗，在荷叶的映衬下，恍如夏日清风徐徐，充满了味的诱惑，也充满了食的想象。白虾、白鱼、银鱼，太湖风物，俗称"太湖三白"。金汤太湖三白，石榴包配迷你甘蓝，突出了"太湖三白"。《吴郡志》记载：太湖产的白鱼品质最好，入梅后的 15 天，白鱼盛产，称为"时（莳）里白"。太湖白虾甲天下，熟时色仍洁白。

从前吴王阖闾在长江中行进的时候，食脍，将多余的鱼肉扔进江中，鱼肉化身为鱼，长几寸，大的像筷子，于是有了"吴王脍余"的美丽传说。银鱼、白鱼肉与虾仁一起制成茸胶馅心，包入蛋皮，做成石榴状，系上红椒丝，蒸熟，入盘中，撒熟野米，放石榴包，葱丝点缀，浇上金灿灿的南瓜汁，三白咸鲜细嫩，汁味浓郁，石榴如舟，汁似晚霞，勾勒出一幅太湖渔舟唱晚的水乡景色。

吴中作鲊，向来闻名。北宋《蔡宽夫诗话》称吴中作鲊多用龙溪池中莲叶包为之，盛赞气味特妙。荷叶粉蒸鸡镶肉为吴中鲊之遗韵，选五花肉、藕条与鸡翅粘上米粉合蒸，色绿悦目，荷香宜人，肥而不腻，咸鲜可口。小暑黄鳝赛人参，鳝背珍菌配莼菜，鳝背剞花刀，入炖盅，放鸡枞、枸杞和高汤炖至鳝肉酥烂，配太湖莼菜，汤色鲜醇，鲜美可口，鳝酥莼滑，菌香柔润，不失为夏日的滋补开胃汤。

百合绿豆汤是苏州夏日的清凉饮品，和合双点，搭配薄荷拉糕、藕酥两款苏式夏令美点，薄荷清凉，拉糕软糯，藕酥鲜香，再喝上一杯百合绿豆汤，清凉爽喉，寓意和合美好。最令人称赞的是那道杨梅甜爽配冰镇百香果汁点心，西点中做，树莓果蓉做成慕斯，表面裹满粘有巧克力的小米，形似杨梅，酸甜脆爽，百香果气泡水，融化慕斯的酸甜，满口果香，清凉消夏，把味觉拉回到原点，给人以美妙的味觉体验。

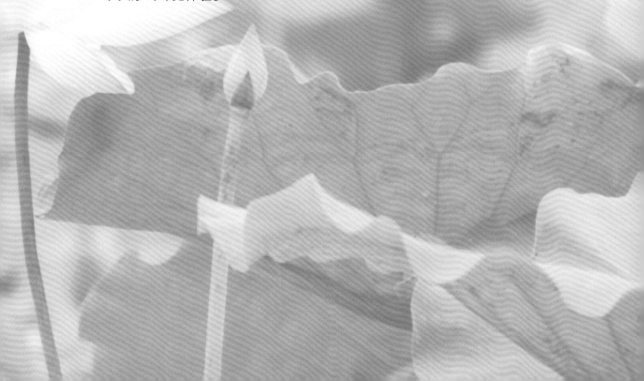

项目目标

1. 熟知夏之荷宴菜单设计、原料采购、菜品制作、保管等工作过程知识。

2. 掌握夏之荷宴制作的菜品设计方法及其制作的相关知识。

3. 掌握夏之荷宴宴席生产规范与工艺要求。

4. 合作完成夏之荷宴设计制作的一般岗位工作任务。

菜单设计

姑苏自古多植荷渠，夏日荷叶田田。夏日的清爽之味，由"荷"来担纲，"荷"成为苏州夏之宴的主题，这是最贴切不过的。荷下的珍美食材，鱼虾莲藕、莼菜茭白，清淡爽口的滋味，清凉润喉的味感，开启了夏日味蕾之旅，在荷叶的映衬下，有了绿意，也有了夏日的情怀……

菜 单

水 果

宾至如归（开胃水果盘手碟）

冷 菜

夏荷藕香（荷叶卷藕带配麻酱汁）

黄瓜夏花（酱香黄瓜花配鲜辣汁）

花开半夏（虾子茭白配茉莉花烟熏）

冰凉瓜爽（冰镇苦瓜配冰糖酸梅酱）

椒香腰丝（藤椒拌腰丝配香醋汁）

夏日鹅鲜（盐水鹅脯配盐水花生）

糟香珍宝（糟鸭肫配糟猪舌、糟毛豆）

水晶鱼味（水晶鳜鱼冻配古月龙山十年花雕）

虎皮白肉（虎皮白切肉配虾子酱油）

橙香牛肉（橙皮酥牛肉配鲜橙汁）

热 菜

荷香迎宾（清风三虾配荷花天妇罗）

渔舟唱晚（金汤太湖三白石榴包配迷你甘蓝）

糟香绿意（糟香鳗鱼球配丝瓜）

夏荷粉肉（荷叶粉蒸鸡镶肉配蝴蝶夹）

金银满盘（银芽火腿丝配芥蓝）

鳝菌合珍（鳝背珍菌配莼菜）

点 心

和合双点（百合绿豆汤配薄荷拉糕、藕酥）

面面俱到（虾蟹两面黄配泡菜丝）

清凉一夏（杨梅甜爽配冰镇百香果汁）

椒香腰丝

任务目标

1. 了解因时调味知识和椒香腰丝的原料知识及其制作的相关知识。
2. 熟知椒香腰丝的设计要求及其制作的主要工作过程。
3. 掌握椒香腰丝的制作方法、操作规范和操作关键。
4. 独立完成椒香腰丝的制作任务。

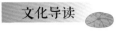

因时调味

一年四季，随着人体体内系统的微妙变化，人的口味与营养需求也随之发生着微小的变化，智慧的古人给我们总结出了以下规律：

春月少酸宜食甘，冬月宜苦不宜咸。夏要增辛聊减苦，秋辛可省但加酸。

——真德秀《卫生歌》

春季来临，体内的肝火较为旺盛，为了保持肝与脾脏的平衡，我们要少吃些偏酸的食物（酸味入肝脏），适当增加天然甜食的摄入（甜味入脾脏）。冬日里内脏各项功能都减弱，可以增加苦味的摄入来提高心脏功能，而因天气寒冷人体汗液的流失不如夏季，当然饮食不适合太咸。夏天心火较为旺盛，需要减苦来避免其亢奋和偏火，同时夏日易伤肺，要适当增加吃一些辛味，以养肺气。秋天天气干燥且肺气很旺，故不宜进补辛味，反而要增补偏酸的食物来补养肝脏。春夏秋冬，一年四季酸甜苦辣咸五味调和，与人体健康有着密切关联。

【花雕酒】花雕酒是黄酒的一种，以绍兴产最为著名。相传绍兴每家每户都酿黄酒，而每当有女孩子满月时，家里都会选出数坛刻字画花。等到女儿出嫁之时，会把窖藏的黄酒拿出来再请画师画上双喜临门等油彩，这样一来，"雕"花的整个过程就完成了。像装入了这样的"雕花"酒瓶的黄酒，我们就称为花雕酒。据医书记载：酒能开怫郁而消沉积，通膈噎而散痰饮，治泄疟而止冷痛。花雕酒作为一种未经蒸馏的酒，它的酒精度较低，饮用后不仅不宜醉酒，而且有保健作用。适度饮用花雕酒，可以达到活血化瘀、预防心脑血管疾病、强身健体之功效。选用上好糯米、优质麦曲，辅以江浙明净澄澈的湖水，经发酵后，花雕酒色黄清亮，口感柔和，香气浓郁。可直接饮用，亦可佐菜。如花雕大闸蟹，蟹性凉，花雕酒暖胃，二者是最佳的搭配。

1. 椒香腰丝原料　　2. 切制腰丝

3. 入花雕酒浸泡　　4. 制备花椒水

5. 入花椒水浸泡　　6. 腰丝焯水

7. 腰丝冰镇　　　　8. 腰丝装盘

9. 浇上调味汁　　　10. 成品图

任务实施

选料

猪腰子	350 克
藤椒	5 克
花椒	10 克
生抽	25 克
白砂糖	5 克
红油	2.5 克
陈醋	2.5 克
花椒油	10 克
花雕酒	100 克
香葱	5 克
蒜蓉	5 克
生姜	5 克

营养分析

能量（kcal）	482.6
蛋白质（g）	55.1
脂肪（g）	23.7
糖类（g）	12.4
维生素 A（μg）	143.0
铁（mg）	23.4

制作方法

① 猪腰子去除外层薄膜，从中间一破为二，再去除腰臊，从腰子的底下开始用横刀批的方法，取得薄腰片，再加工成腰丝，将腰丝放入浸有葱段的花雕酒中，浸泡 30 分钟。

② 锅内加水、香葱、生姜煮开，制备花椒水，放凉即可。

③ 生抽、白砂糖、红油、陈醋、花椒油、葱花、蒜蓉制备调味汁。

④ 将泡好的腰丝放入花椒水中继续浸泡，以去除臊味，随后捞出，入锅焯至变色，捞出并立即投入冰水中冰镇。

⑤捞出腰丝挤干水分，装盘，淋上调味汁，摆放藤椒，装饰造型。

制作关键

腰丝切制好后一定要在花雕酒和花椒水中浸泡足够的时间，以去除其臊味；腰丝焯水烫好后，要立即进行冰镇，以保证腰丝口感的爽脆，防止颜色发黑。

椒香腰丝一菜以猪腰为主料制作而成，猪腰含有丰富的优质蛋白，还富含脂肪、铁和维生素 A 等，但胆固醇的含量很高。猪腰具有补肾滋阴、通利膀胱的功效，尤其适宜肾虚腰痛、遗精、盗汗者食用。猪腰在菜肴中多作为主料使用，适用于炒、爆、炝、熘等多种烹调方法。猪腰的营养价值虽然高，但平均每 100 克可食部分中含胆固醇 354 毫克，建议老年人和心脑血管疾病者少食。

任务总结

椒香腰丝是根据猪腰子的质感特点，将其加工成细丝，利于成熟与入味，浇汁后以藤椒点缀，口味清新麻爽，十分符合夏季清爽的饮食要求。通过"因时调味"的知识学习，学生学会如何根据季节和饮食习惯来调配常见食材的口味，以适应不同季节的饮食特色。通过营养成分分析，学生应了解相关食物的饮食宜忌。通过任务实施，学生应掌握原料选择要求，以及腰丝的切制和拌制难点，从而能够触类旁通。

专家点评

这道冷菜菜肴选用一般较多制作热菜的猪腰为原料来制作，通过运用精细的刀工，体现了腰丝质地的脆嫩，合理使用花雕酒、花椒、藤椒等调味料去除了腰子的腰臊味，充分发挥了冷菜的优势，是一道颇有新意的冷菜。

任务二

糟 香 珍 宝

任务目标

1. 了解畜禽内脏原料类菜肴知识及糟香珍宝制作的相关知识。

2. 熟知糟香珍宝的设计要求及其制作的主要工作过程。

3. 掌握糟香珍宝的制作方法、操作规范和操作关键。

4. 独立完成糟香珍宝的制作任务。

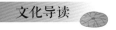

糟香冷菜

　　糟香，是冷菜之香，是苏州冷菜的一大特色，冷菜糟香主要来自糟卤。糟卤，以麦、米、高粱等为原料，从陈年酒糟中提取糟汁，调入香辛料汁，制作而成的糟卤澄清透明，无沉淀，咸鲜适口，有浓郁的酒香味，荤素原料浸蘸皆可。上海、杭州、苏州、福建等地的菜肴中广泛应用，以香糟为调料糟制的菜肴有其独特的风味。糟菜分热糟和冷糟，冷糟应用得较多。夏天，苏城人们的餐桌上一定少不了糟菜，那似酒香非酒香的特殊香味，闻之心动，食之开胃。在冷菜制作中，糟卤主要是做浸泡之用，让糟卤特殊的香气和浓郁的糟味浸入冷菜原料。可以用来糟制冷菜的原料有很多，包括鸡、鸭、鹅、猪肉、牛肉、蹄、肚、爪、茭白、毛豆、花生等。判断糟卤好坏的标准是"雅"和"正"。"雅"的意思是指气味要清新，因此，一般要加入陈皮、白砂糖、桂皮等来中和浓郁的酒味。"正"的意思是指气味要浓烈，制作时除了要加入糟汁外，还要加盐、料酒、肉桂和香叶，以激发糟卤微醺的味感。

【毛豆】毛豆，又称大豆、青毛豆，早在 5000 多年前，中国便有了毛豆种植的历史，可见毛豆起源于中国。据史料记载，毛豆在公元前 2 世纪从我

国华北传入朝鲜，后经朝鲜传入日本，到了 16 世纪，又传入印度尼西亚、印度、越南，随后逐渐向西北拓展到欧洲，在 18 世纪传入美洲。早期毛豆食用以把豆子熬成主食，豆叶子煮成粥羹状来食用。发展到了一定时期，人们不仅食用毛豆，毛豆制品也应运而生。北魏贾思勰所著的《齐民要术》中对豆酱、豆豉的制作有专门记述。北宋时期的《物类相感志》记载了豆油的食用方法，可见豆油的食用史已经有上千年了。随着社会经济的发展，南宋市场开始出现豆芽、豆粥、豆团、豆糕等，豆子和豆制品从此开始了蓬勃的发展。

风物特产

1. 糟香珍宝原料　　2. 猪舌、鸭肫腌制　　3. 煮制猪舌、鸭肫
4. 毛豆焯水　　　　5. 毛豆冰镇　　　　　6. 卤水调制
7. 浸泡　　　　　　8. 猪舌直刀切　　　　9. 鸭肫直刀切
10. 菜肴装盘　　　　11. 成品图

任务实施

选料

鸭肫	50 克
猪舌	50 克
带壳毛豆	50 克
香糟泥	50 克
三年陈花雕酒	100 克
香叶	15 克
丁香	2.5 克
茴香	5 克
小茴香	5 克
陈皮	7.5 克
桂皮	10 克
香葱	15 克
生姜	25 克
精盐	50 克
味精	2.5 克
清水	500 克

营养分析

能量（kcal）	188.2
蛋白质（g）	19.3
脂肪（g）	10.4
糖类（g）	4.6
铁（mg）	4.3
烟酸（mg）	4.6

制作方法

① 糟卤制作：将香糟泥、香叶、丁香、茴香、小茴香、陈皮、桂皮等原料装入容器中，搅拌均匀，过滤，随后加热至沸腾，转为小火慢煮 3 分钟，离火晾凉，冷却备用。

② 将鸭肫、猪舌用葱姜酒汁腌制 30 分钟左右，将带壳毛豆的两头修剪好。

③ 将毛豆、鸭肫、猪舌放入盐水中煮熟，用冰水浸凉，随后入糟卤中浸泡 4 小时。

④ 捞出原料，改刀装盘，装饰点缀。

制作关键

猪舌与鸭肫在正式烹调前，要用葱姜酒汁腌制，以去除原料的异味。猪舌、鸭肫和毛豆煮熟后，应立即放入冰水中浸泡，以保持其良好的质感与颜色。原料在糟卤中进行卤制时，时间要充分，保证其充分入味。

　　糟香珍宝有 3 种主要原料。鸭肫的主要营养成分有蛋白质、碳水化合物、脂肪、烟酸和镁、铁、钾等矿物质，食用鸭肫可促进消化、健脾养胃，适用于胃肠功能不佳者。猪舌含有丰富的蛋白质、维生素 A、烟酸、铁、硒等营养元素，有滋阴润燥的功效。毛豆富含优质蛋白质、钙，脂肪多为不饱和脂肪酸，如人体必需的亚油酸和亚麻酸，此外还富含膳食纤维，能改善便秘，还有利于降低血脂。毛豆一定要煮熟后再吃，否则其所含的抗胰蛋白酶和植物血凝素会引起中毒。

任务总结

　　糟香珍宝，选取家畜和家禽类内脏中的珍宝——猪舌和鸭肫，并配上夏日应季的原料毛豆，用八角、桂皮、香叶、小茴香等香料和糟卤调味。糟香珍宝造型精致，糟香扑鼻，口味清淡，咸鲜适口。通过糟香珍宝的学习，学生应充分了解畜禽类内脏原料的种类和特色，触类旁通，自主学习其他原料的处理和加工方法。通过营养成分分析，学生应了解相关食物的饮食宜忌。通过任务实施，学生应掌握糟香珍宝的原料选择要求、糟卤的制作要点，并应用到实际中。

专家点评

　　糟味冷菜是江南地区夏秋季时令冷菜，口味悠长绵醇，起到开胃醒脾的作用。此道冷菜运用传统吊糟工艺，将糟香、酒香、料香融为一体，食材荤素搭配，口感富于变化，色调与季节相符，给人以简洁清爽之感。

任务三

水晶鱼味

任务目标

1. 了解苏州著名鱼肴的知识及水晶鱼味制作的相关知识。
2. 熟知水晶鱼味的设计要求及其制作的主要工作过程。
3. 掌握水晶鱼味的制作方法、操作规范和操作关键。
4. 独立完成水晶鱼味的制作任务。

文化导读

苏州名肴——松鼠鳜鱼

松鼠鳜鱼是苏州传统名菜。当炸好的鳜鱼上桌时，随即浇上热气腾腾的卤汁，它便吱吱地"叫"起来，因活像一只松鼠而得名，有"头昂尾巴翘，色泽逗人笑，形态似松鼠，挂卤吱吱叫"之说。成菜后，形如松鼠，外脆里嫩，色泽橘黄，酸甜适口。

取鲜鱼，肚皮去皮骨，拖蛋黄炸黄，作松鼠式，油、酱油烧。

——《调鼎集·松鼠鱼》

松鼠鳜鱼的前身是松鼠鱼，鲜鱼就是鳜鱼，它也叫鲑花鱼，南方人一般取"蟾宫折桂"之意而称为桂鱼。据史料记载，早在清朝乾隆下江南时，便有"松鼠鱼"这一道菜肴了，当时制作所用的鱼并不是鳜鱼，而是另外一种鱼——鲤鱼。乾隆来到苏州，品尝了此菜后赞不绝口。"松鼠鱼"因此而名声大噪。在流传的过程中，人们逐渐改良，用鳜鱼来制作这道菜，因此也就有了我们现在的松鼠鳜鱼。

风物特产

【太湖鳜鱼】鳜鱼，属淡水食物链的顶端消费者，又名桂鱼、桂花鱼、鳟花鱼、鳌花鱼、花鲫鱼，是一种十分名贵的淡水食用鱼，在我国除青藏高原外的水域均有分布，在江南地区尤以太湖产鳜鱼出名，人们用它制成了苏帮名菜——松鼠鳜鱼。但由于过度捕捞，目前市面上野生的鳜鱼很少见，所食用鳜鱼以人工养殖为主。唐朝著名诗人张志和写过一首《渔歌子》："西塞山前白鹭飞，桃花流水鳜鱼肥。青箬笠，绿蓑衣，斜风细雨不须归。"诗人张志和在湖州西塞山描绘了一幅有山有水有景的垂钓图，特别是在春季上市的肥美的鳜鱼，那是多么鲜美啊！这充分表达了人们对于鳜鱼这一美味的追寻。明朝李时珍也将鳜鱼誉为"水豚"，意思就是其肉质鲜美可比河豚，鳜鱼之美味可见一斑。

制作方法

① 对鳜鱼进行刀工处理，取下四片鱼肉，用 10 克精盐腌制，备用。

② 鱼骨吊汤，加入清水、生姜、香葱、白砂糖、花雕酒、鸡粉和剩余的盐，大火煮开转小火，焖煮 30 分钟后关火，用滤纸滤清高汤，称取 200 克汤放入泡好的吉利丁片，化开晾凉，备用。

③ 鱼肉加入葱姜酒汁，入蒸箱蒸制 7～8 分钟，冷却备用。

④ 以吐司模为模具，内附保鲜膜，先铺一层鱼汤入冰箱冷却凝固，随后铺上一层鱼肉，压实后加入 150 克高汤冷藏至定型，取出改刀装盘即可。

| 1. 水晶鱼味原料 | 2. 骨肉分离 | 3. 鱼骨吊汤 | 4. 鱼肉蒸制 | 5. 鱼肉垫底 |
| 6. 浇上鱼汤 | 7. 冷却定型 | 8. 改刀成型 | 9. 成品图 | |

任务实施

选料

鳜鱼	2 条（约 800 克）
精盐	20 克
白砂糖	6 克
鸡粉	2.5 克
花雕酒	30 克
生姜	10 克
香葱	15 克
清水	1000 克
吉利丁片	15 克
色拉油	10 克

营养分析

能量（kcal）	717.3
蛋白质（g）	110.2
脂肪（g）	30.5
糖类（g）	1.2
烟酸（mg）	28.8

制作关键

　　对鳜鱼进行刀工处理时，要注意将鱼骨肉彻底分离，以免肉中带刺，影响口感。鱼肉蒸制前在鱼皮上抹一层油，以免粘底。在吐司模中进行冷却制作时，一定要按照鱼汤→鱼肉→鱼汤的顺序，逐层冷却定型。

　　水晶鱼味是一道将鳜鱼清蒸后冷却食用的冷菜，主料鳜鱼含热量不高，蛋白质含量高，脂肪含量低，富含烟酸、钙、磷、铁等营养成分，而且肉质细嫩，极易消化。鳜鱼富含抗氧化成分，经常食用有美容护肤的作用。鳜鱼具有补气血、益脾胃的滋补功效，特别适宜老人、儿童、妇女及脾胃虚弱者食用。

任务总结

　　水晶鱼味，是一道以苏州名产太湖鳜鱼为原料的冷菜，它的技术关键就是去尽鱼骨，达到了"吃鱼而不吐鱼骨"的效果，给食客一个崭新的吃鱼体验。通过苏州名肴松鼠鳜鱼的学习，学生应充分了解松鼠鳜鱼的特色和历史文化知识，举一反三，思考它们的改进方法。通过营养成分分析，学生应了解相关食物的饮食宜忌；通过任务实施，学生应掌握水晶鱼味的原料选择要求、制作关键，并能独立完成菜肴制作。

专家点评

　　这道鱼冻借鉴了西餐胶冻类开胃菜的制作工艺，运用吉利丁片加强了鱼冻的胶质口感，选用鳜鱼制作也为此菜加分不少。水晶鱼味味道鲜美又无骨，口感清爽又层次丰富，鱼皮、鱼肉、鱼冻融为一体，是一道口味绝美的夏季鱼肉冷菜。

任务四
荷香迎宾

任务目标

1. 了解荷香迎宾的原料知识及其制作的相关知识。

2. 熟知荷香迎宾的设计要求及其制作的主要工作过程。

3. 掌握荷香迎宾的制作方法、操作规范和操作关键。

4. 独立完成荷香迎宾的制作任务。

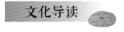 文化导读

三虾美食

所谓三虾，即虾子、虾脑、虾仁，它们是虾身上最宝贵的东西。用三虾入菜是苏帮菜的特色，历来受到食客们的追捧。炒三虾就是其中经典的三虾美食之一。苏帮菜讲究不时不食，三虾最为应季的时候当为黄梅时节。此时，河虾肥美，雌虾脑实、子满。

木渎石家饭店的三虾豆腐是又一道以三虾为原料、与本地嫩豆腐一起烹制而成的苏帮名菜。此菜中的嫩豆腐需要在水中静养以去除豆腥味。上灶前将豆腐改刀成金条状。烹调时将豆腐、虾仁、虾子一同倒入。虾脑在起锅前才能倒入，以保持其"硬香"的特点。此菜色泽酱红，卤汁紧包。

三虾面，则是苏式汤面中的佼佼者，也是饕餮之客们在每年农历四月到五月争先恐后也要品尝的一碗面。三虾面一般选择的是紧汤拌面，以便能更好地体现三虾的鲜美。从虾壳中剔除虾仁和虾子，再到把虾头煮熟后取出虾脑，整个过程全部为手工完成，这也解释了这碗面的弥足珍贵之处。

风
物
特
产

【荷花】荷花,又名莲花、水华、菡萏、水芙蓉等,是莲科植物莲的花蕾,属多年生水生草本花卉。荷花原产印度,在我国现已广泛种植。荷花种类很多,分观赏和食用两大类。《诗经》中就有"彼泽之陂,有蒲与荷""际有荷花"之句。荷花花瓣呈椭圆形或倒卵形,雄蕊多数,花药条形,花丝细长。荷花入馔是极好的美食,宋代林洪的《山家清供》中就收录了荷花的菜肴,《清稗类钞》记载了苏州寒山寺用荷花入馔的素食。用荷花来模仿制成荷仿菜,如荷花集锦炖等。如今,随着鲜花饮食潮流的兴起,荷花佳肴与其他花馔一样,正为人们所刮目相看。荷花制作方法多样,尤其适用于油炸和做汤,还可以做菜点点缀。荷花营养价值高,含有丰富的维生素C、矿物质、糖类、黄酮类和氨基酸。

任务实施

选料

新鲜荷叶	1 张
上浆虾仁	500 克
虾子	5 克
熟虾脑	10 克
高汤	10 克
精盐	2 克
湿淀粉	5 克
色拉油	500 克
天妇罗粉	25 克
荷花花瓣	10 瓣

营养分析

能量（kcal）	384.0
蛋白质（g）	55.8
脂肪（g）	17.6
糖类（g）	1.8
钙（mg）	196.2
磷（mg）	785.0

1. 原料选用　　2. 荷叶焯水
3. 过凉刷油　　4. 虾仁上浆
5. 文火滑油　　6. 滤油待用
7. 虾子炒香　　8. 加入高汤
9. 勾芡调味　　10. 翻炒均匀
11. 摆盘装饰

制作方法

①　新鲜荷叶焯水过凉后刷油备用。

②　将天妇罗粉加入清水调成糊，并将荷花花瓣挂糊炸至酥脆备用。

③　炒锅洗净，烫锅滑油后加入冷油，待油温升至140℃时放入虾仁，划散后放入虾脑，待成熟后出锅滤油。

④　锅留底油下入虾子，煸炒出香味后加入高汤和少许盐，湿淀粉勾芡，锅中倒入滑好的虾仁和虾脑。

⑤　翻炒均匀后出锅，将炒好的三虾放置在准备好的荷叶上装盘即可。

制作关键

虾仁上浆一定要上劲，不能脱浆。下锅滑油时要轻轻划散，否则虾仁颗粒不光滑。虾子煸炒时不能用急火，否则虾子发黑影响菜肴出品。荷叶焯水后须过凉水才能保持颜色碧绿。

饮食建议

此菜营养丰富，荷花能清心凉血、去湿消风。虾是一种高蛋白、低脂肪的食材，还含有丰富的钙、磷、碘等矿物质成分，且肉质松软易消化。虾性温味甘，有补肾壮阳、养血固精、强身延寿等功效。虾一般人群均可食用，尤其适合中老年人、肾虚阳痿、脾胃虚弱者，但体质过敏者不宜食用。

任 务 总 结

　　荷香迎宾这道菜运用的是中式烹调中滑炒的技巧。滑炒，是一种将原料经过改刀成片、丝、条等形状并上浆腌制后，先用温油滑散再快速翻炒成菜的烹饪方法。此种烹调方法适用于需要保持原料质地脆嫩的菜肴。在制作荷香迎宾这道菜的过程中，虾仁不能脱浆，需要用140℃的油划散。由于虾仁质感较嫩，在滑油过程中需要轻轻搅动，切勿旺火打散，否则会造成虾仁颗粒不光滑。此菜咸鲜适口，调味时要掌握好盐的用量。学生应细心揣摩，掌握炒菜的技术要领。

专 家 点 评

　　炒三虾是初夏季节苏州的一道时令菜。虾仁在苏州话里与"欢迎"谐音，因此一般为头菜。荷香迎宾运用新鲜荷叶盛装三虾，又以荷花点缀衬托菜肴，充分体现了内涵寓意，是地方食俗与饮食文化的展示。

任务五

渔 舟 唱 晚

任务目标

1. 了解渔舟唱晚的原料知识及其制作的相关知识。

2. 熟知制作渔舟唱晚的设计要求及其制作的主要工作过程。

3. 掌握制作渔舟唱晚的制作方法、操作规范和操作关键。

4. 独立完成渔舟唱晚的制作任务。

文化导读

"渔舟唱晚"和鱼米之乡

渔舟唱晚，响穷彭蠡之滨；雁阵惊寒，声断衡阳之浦。

——王勃《滕王阁序》

　　王勃一句"渔舟唱晚"说尽了多少水乡人不尽的情怀。太湖古称震泽，依湖而立吴县，又有震泽县、光福等地，构成了太湖畔的水乡人家。靠水吃水，太湖养育了无数人。每日早晨，便能看见木桅杆上支起风帆，临近夕阳，也能瞧到水面上绽开的渔网。渔舟来往，便书写了鱼米之乡中的"鱼"字。《避暑录》曾有言"太湖白鱼实冠天下"。白鱼、银鱼、白虾被称为"太湖三白"，被人们津津乐道。此外，太湖还盛产鲫鱼、鳊鱼、鳜鱼、鲈鱼等淡水鱼类，构成了江南人食鱼的饮食文化。靠水不仅吃鱼，水生植物也纳入人们的日常食谱。在江南，恰当的季节吃上一点时令的水鲜，也成了江南人心照不宣的情致。江南的饮食，在于鱼米，在于水鲜，在于枫桥的渔火，也在于残照下的渔歌。

风
物
特
产

【银鱼】银鱼是历史悠久的食用鱼种。在太湖渔业发展的历史上，是一笔宝贵的水产资源。银鱼、白虾与白鱼合称"太湖三白"，银鱼、白虾又与梅鲚鱼同为"太湖三宝"，被人们引以为珍馐。银鱼其质如冰，烹调后又洁白如雪，柔若无骨，品之即化。古人以春后银鱼为佳。北宋的张先曾作诗曰："春后银鱼霜下鲈，远人曾到合思吴。"而现代银鱼由于养殖等因素，一般于夏季捕捞。银鱼古时以吴江莺湖为最佳，由于历史的变迁，现在银鱼的主要出产以太湖、洪泽湖等大水域为主。太湖的银鱼主要有五个物种，以大银鱼和太湖短吻银鱼为代表分为两个体型。体型大者如大银鱼能长到100毫米以上，体型小者则为30～50毫米左右。"吴王脍余"的传说说明了银鱼和江南人的深厚联系。

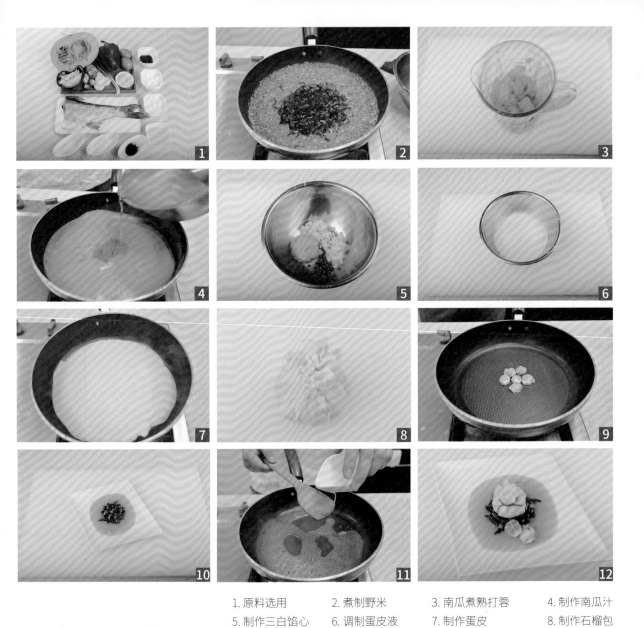

1. 原料选用　　2. 煮制野米　　3. 南瓜煮熟打蓉　　4. 制作南瓜汁
5. 制作三白馅心　6. 调制蛋皮液　7. 制作蛋皮　　　8. 制作石榴包
9. 烹制抱子甘蓝　10. 底面装盘　　11. 石榴包淋芡　　12. 装饰出品

 　任务实施

选料

日本南瓜净肉	250 克	清水	50 克
野米	40 克	色拉油	10 克
藏红花	0.5 克	红椒	40 克
银鱼	50 克	京葱	10 克
白鱼（半条）	350 克	抱子甘蓝	50 克
虾仁	125 克	黄油	10 克
马蹄	4 个	精盐	5 克
香葱	15 克	味精	2.5 克
鸡蛋	5 个	胡椒粉	2.5 克
面粉	40 克	淀粉	10 克

营养分析

能量（kcal）	911.8
蛋白质（g）	92.6
脂肪（g）	34.2
糖类（g）	61.3
维生素 B_2（mg）	1.0

制作方法

① 日本南瓜去皮去籽，切成小块；藏红花加水泡出色。

② 银鱼去头，切成小粒。白鱼去头，去除鱼骨和鱼皮，取得两片鱼柳，用刀背剁，去除鱼刺，取净鱼肉，制成肉糜，加入精盐打上劲。虾仁洗净，加适量的精盐和味精打上劲，加入少许的蛋清打出泡沫，加入淀粉拌匀，冷藏备用。

③ 鸡蛋取蛋清，与面粉和水轻打拌匀后，再加入色拉油打匀，最后加入 2 克精盐打匀，冷藏备用。

④ 取一个红椒切成细丝，另取两个用勾刀拉出细线泡水。京葱取葱白切成细丝，泡水备用。抱子甘蓝去除黄叶后对半切，备用。香葱切成葱末。马蹄去皮，切成末。野米加鸡汤煮熟至开裂、卷起，沥干水分备用。

⑤ 日本南瓜放入蒸箱中蒸制 30 分钟，用料理机打成细蓉，过筛。银鱼、白鱼茸和虾仁混合均匀后加入葱末、马蹄末，拌匀制成三白馅心，冷藏备用。

⑥ 平底锅加热，倒入适量的蛋白液，摊成蛋皮。

⑦ 南瓜蓉加入鸡汤，比例为 5∶1，加入藏红花和汁水，加热打匀，加入适量的精盐调味，离火加入黄油打匀，制成南瓜汁，保温存放。锅中加入约一勺的南瓜汁，加入野米，小火烩至浓稠，保温存放。抱子甘蓝放入沸水中煮 1 分钟，沥干备用。

⑧ 用蛋皮包三白馅心，用勾好的红椒细线包口成石榴花状；石榴包放入蒸箱蒸制 12 分钟，取出备用。

⑨ 葱丝、红椒丝淋热油，备用。

⑩ 进行装盘。在盘中央放入烩制好的野米，将剩余南瓜汁倒入盘中。将蒸制好的石榴包浇淋琉璃芡（薄芡）后放置在野米上。用抱子甘蓝和葱丝、红椒丝进行装饰。

制作关键

在制作蛋皮时要注意火候，防止厚薄不均匀和颜色不白。制作石榴包时，馅心的制作要注意硬度。馅心太软，石榴包容易塌陷，没有饱满的形状；馅心太硬，不利于包馅。包馅时要注意馅心的用量，收口后须修剪处理，让收口形似石榴花。

太湖白鱼和银鱼营养价值很高，两者都富含优质蛋白质，以及钙、磷、维生素 B_2 和烟酸等营养成分。白鱼能健脾、消食、利水，银鱼具有健胃、补虚、利水的功效。虾是一种高蛋白、低脂肪的食材，还含有丰富的钙、磷、碘等矿物质成分，而且肉质松软易消化，有补肾壮阳、养血固精、强身延寿等功效。南瓜含有丰富的微量元素钴、果胶和 β - 胡萝卜素，有助于预防糖尿病、高血压和高脂血症。

任务总结

通过渔舟唱晚菜肴历史文化的学习，学生应了解一些传统饮食文化的起源和变迁，以及这道菜肴的制作要领和成品特色。通过营养成分分析，学生应了解相关食物的饮食宜忌。通过任务实施，学生应掌握原料性质的选择搭配，了解菜肴分量的选用。通过这道菜肴的制作，学生还可以了解如何从地方饮食传统和物候中获取灵感，研发和改进菜肴。

专家点评

渔舟唱晚这道菜肴充分利用了多种淡水水产和水生植物作为原料，充分体现出了江南水乡的饮食特色。石榴包形似鱼篓，南瓜汁仿佛落日余晖，生动地演绎了水乡湖畔渔舟唱晚的生动景象，极具雅趣。

任务六
夏荷粉肉

任务目标

1. 了解夏荷粉肉的原料知识及其制作的相关知识。

2. 熟知夏荷粉肉的设计要求及其制作的主要工作过程。

3. 掌握夏荷粉肉的制作方法、操作规范和操作关键。

4. 独立完成夏荷粉肉的制作任务。

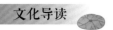

文化导读

荷叶及其美食

　　荷叶味苦微涩，性味清凉，宜夏季食用，能清热解暑，减脂降压。柳宗元诗云："青箬裹盐归峒客，绿荷包饭趁虚人。"荷叶的风味特殊，清新怡人，消脂解腻，其入馔历史悠久。北魏贾思勰《齐民要术》记载："作鱼鲊法：脔鱼，洗讫，则盐和糁，十脔为裹；以荷叶裹之，唯厚为佳。"用荷叶包裹腌制的鱼肉，便于原料储存的同时还可以增添食物特有的香气。广东传统特色小吃荷包饭亦是用荷叶包制而成，软润爽鲜，清香可口。夏荷粉肉主要是由荷叶粉蒸鸡镶肉和点心蝴蝶夹两部分组成，其中荷叶粉蒸鸡镶肉由传统菜肴粉蒸肉改进创新而来。粉蒸肉古已有之。袁枚在《随园食单》中写道："用精肥参半之肉，炒米粉黄色，拌面酱蒸之……"夏荷粉肉将肥瘦参半的五花肉和藕段塞入去骨鸡翅中，丰富了菜肴的风味和口感，用荷叶包裹预处理的鸡翅蒸制数小时，使得鸡翅富有荷叶的清香，菜品特色也得到了进一步的提升。

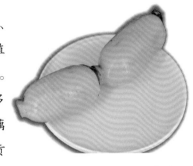

**风
物
特
产**

【莲藕】又称玉节、雪藕、玲珑玉等，为多年水生草本植物。江南水乡，姑苏盛产莲藕。苏州伤荷藕，肉质脆嫩，水多渣少，宜作生食。苏州的莲藕品质更优良，在唐代被列为贡品。《唐国史补》记载：苏州进藕，其最上者名曰"伤荷藕"。或云："叶甘为虫所伤。"又云："欲长其根，则故伤其叶。"莲藕入烹的方法很多，《随息居饮食谱》记载：藕"以肥白纯甘者良。生食宜鲜嫩，煮食宜壮老"。莲藕在烹饪中应用广泛，将之改刀成片、块、丝等料型时，适用于炒、炸、拌、炖、焖等不同烹调模式加工。苏州有一道名菜——桂花糖藕，则是在老藕的藕节中灌糯米，焐熟，浇上桂花蜜后制作而成，香甜软糯，老少皆宜。莲藕制作菜肴味型丰富，甜咸均可，可以用于制作水晶藕、炸藕夹、蜜汁莲藕等传统菜肴。另外，荷花、荷叶和莲子可以另作他用，如荷叶粥、冰糖莲子羹等。

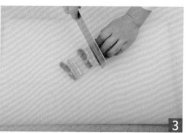

1. 原料选用	2. 鸡翅去骨	3. 五花肉切片	4. 藕切条
5. 荷叶焯水、过凉	6. 腌制	7. 鸡翅包制	8. 蒸制成熟
9. 鸡翅成品	10. 蒜泥、坚果处理	11. 蒜泥炸制	12. 摆盘装饰

任务实施

选料

① 荷叶粉蒸鸡镶肉

鸡翅	10 只	海鲜酱	5 克
猪五花肉	250 克	香葱	10 克
莲藕	175 克	生姜	10 克
蒜瓣	10 克	白胡椒粉	1 克
腰果	15 克	绵白糖	5 克
松子	10 克		
荷叶	10 片		
荷花花苞	10 朵		
荷花瓣	20 片		
黄酒	15 克		
蒸肉粉	75 克		
老抽	6 克		
味精	1.5 克		
蚝油	2.5 克		

② 蝴蝶夹

中筋面粉	125 克
猪油	5 克
酵母	1.5 克
绵白糖	7.5 克
温水	59 克
色拉油	2.5 克

营养分析

能量（kcal）	2312.7
蛋白质（g）	101.9
脂肪（g）	123.1
糖类（g）	205.3
维生素 A（μg）	213.5
铁（mg）	18.7

① 鸡翅洗净，用刀将骨头连接处与皮肉连接处划断，再将骨头抽出。五花肉切成长 4 厘米、宽 0.2 厘米的肉片，洗净备用。取一节莲藕改刀成长 4 厘米、宽 2 厘米的小条，入油锅炸至金黄捞出备用。荷叶轻轻地对折，剪下圆底，将圆底修圆整；把剩下的边改刀成长 12 厘米、宽 8 厘米的长片和长 8 厘米、宽 2 厘米的长条。改刀后的荷叶焯水，捞出后置于冷水中浸泡，备用。

② 将荷花花苞的花瓣浸在凉水里备用。把蒜瓣切成末，炸至金黄，捞出备用。松子、坚果放在烤盘中 100℃烤 15 ~ 20 分钟。放凉至松脆后，切成碎末，与先前的蒜末拌在一起成金沙，备用。处理好的五花肉片和去骨鸡翅中加入蒜瓣、葱花、姜末、老抽、味精、蚝油、海鲜酱、黄酒、白胡椒粉，拌匀后静置 12 小时，使其入味。

③ 将腌好的五花肉片裹上蒸肉粉，包入一根藕条，塞入鸡翅中，表面均匀撒上一层蒸肉粉。半成品鸡翅放在荷叶片上中间靠前的位置，先把鸡翅包一圈，再把两边荷叶向内折进去，将之全部裹起来。鸡翅放入蒸笼，蒸制 2 ~ 3 小时。蒸好的鸡翅从荷叶中拆出，包上荷叶条。

④ 蝴蝶夹的制作：酵母、绵白糖、水搅拌均匀，倒入面粉中拌匀，饧 30 分钟，再揉光；面团搓条，下 15 克的剂子，擀圆后用花模压出形状，在内侧刷油，用刮板压出蝴蝶状，饧 30 分钟，上笼蒸 10 分钟即完成。

⑤ 将荷叶粉蒸鸡镶肉和点心蝴蝶夹经过合理的装盘点缀即可。

荷叶粉蒸鸡镶肉的蒸制时间不宜过短，否则五花肉和藕段无法达到软烂的口感。烹饪过程中需要控制好鸡翅、五花肉的腌制时间和各类调味料的添加比例。注意粉蒸肉口味不能过咸，鸡翅和五花肉腌制时要控制好肉和粉的比例。

莲藕含有丰富的维生素 C 和铁，所含的膳食纤维能帮助消化，防止便秘，此外还含有淀粉、蛋白质等营养成分，熟制食用具有益血、止泻、健脾、开胃的功效。鸡翅富含维生素 A 和蛋白质，具有温中益气、补精添髓等功效。五花肉富含优质蛋白质、脂肪酸、铁和 B 族维生素等营养成分。由于五花肉中胆固醇含量偏高，肥胖人群及血脂较高者不宜多食。

任务总结

热菜制品具有色香味形质相统一，注重口味、造型等特征。通过荷叶粉蒸鸡镶肉和蝴蝶夹的制作，学生应掌握如何通过去骨、腌制、成熟及摆盘来体现热菜的基本特征。鸡翅的消化率高且营养丰富，通过营养分析，学生应加大对鸡翅、五花肉和莲藕的营养价值的认识。如何运用调味、蒸熟技法体现鸡翅的口味特征，是本任务学习的重点，需要学生在训练中揣摩，并能做到举一反三。

专家点评

夏荷粉肉在传统菜肴粉蒸肉的基础上加以改进和创新，将五花肉和藕段腌制后塞入鸡翅中，粘上米粉，再包入荷叶中蒸熟，丰富了菜肴的滋味和口感。通过荷花、荷叶和莲藕的有机结合，本道菜肴极具夏季特色，菜肴整体色彩协调，清新可口，滋味丰富。

任务七

金银满盘

任务目标

1. 了解金银满盘的原料知识及其制作的相关知识。

2. 熟知金银满盘的设计要求及其制作的主要工作过程。

3. 掌握金银满盘的制作方法、操作规范和操作关键。

4. 独立完成金银满盘的制作任务。

文化导读

"金银满盘"从豆芽说起

镂豆芽菜使空，以鸡丝、火腿满塞之。嘉庆时最盛行。

——徐珂《清稗类钞·饮食类》

豆芽有着悠久的历史。因为形态佳美、质地如玉，豆芽又常被冠以如意的佳名，被人们寄托了美好的寓意。而关于豆芽最为人们津津乐道的一个典故自然就是豆芽和火腿的故事了。相传在清朝的宫廷官府菜中，众多极尽人工、穷奢极侈的菜肴中便有一道菜：豆芽穿火腿丝，即将肥壮的豆芽去除头尾，用细针穿入火腿丝而成菜。相传康熙曾与臣子作诗赞扬："金钩珊瑚甜酸香，诗礼银杏烩琼浆。银耳玉叶鲜如愿，调烹八珍尽文章。"以藏头点出菜名"金丝（诗）银条（调）"。山东孔府菜本就有"珊瑚金钩"等豆芽肴馔，主要以豆芽淋上调味汁成菜。又在豆芽肴馔中引入火腿等肉类增添风味，出现了名为"酿豆莛"的菜肴，形成了如《清稗类钞》上记载的将肉类酿入豆芽的技术。最后引入宫中，形成了如同"烹酿馅掐菜"的精细菜肴，受到清宫廷皇族的喜爱，引出许多传说。从此豆芽和火腿结下了缘分。金银满盘就是受此启发，运用豆芽和火腿入菜，使得两者滋味相得益彰，色彩红白绿相呈，成为一道佳肴。

【金华火腿】 "霜刀削下黄水精，月斧斫出红松明。"南宋诗人杨万里作诗称赞火腿。自此而今，火腿已然漫步于中国的饮食文化，而四处留下芳踪了。火腿此名，源于其肉色殷红如火而又略微透明。如杨万里所言为红松明，明朝又有张岱赞为"珊瑚同肉软，琥珀并脂明"。其色如宝石玩物般典雅，尤其被文人所喜爱。火腿的颜色源于一部分耐盐细菌将腌制火腿的盐分转化为亚硝酸盐，其中的氮元素和肌红蛋白中的铁结合形成深红色的亚硝基肌红蛋白。同时，在火腿制作过程中，经过细菌和肌肉组织内酶的作用，蛋白质被分解成多种小分子的呈味物质，形成了火腿迷人的香气与风味。中国的火腿主要以金华、如皋、宣威三地著称，而又以金华最胜。金华火腿本来以金华地区特有的猪种"两头乌"制作，如今两头乌猪养殖规模较小。现代标准的火腿一般以猪腿为原料，经过修整、腌制、清洗、熟成、晾晒等多个步骤制作而成，历时十个月以上。其中以冬日开始制作的"正冬腿"为最佳。在中国传统烹饪中，火腿素来为名贵的烹饪原料，使用火腿的名贵菜肴为人称道。《红楼梦》第十六回中就有用火腿炖肘子的"金银蹄"。在传统苏帮菜中有"蜜汁火方"的大菜。更有甚者，《清稗类钞》记载有人花费百金而得火腿的故事。火腿在中国饮食文化中的地位可见一斑。

任务实施

选料

绿豆芽	250 克
火腿	25 克
京葱	10 克
嫩芥蓝	60 克
青椒	30 克
红椒	30 克
酱油	10 克
美极鲜味汁	10 克
老抽	12.5 克
白砂糖	10 克
茴香	半颗
大蒜头	1 瓣
清水	150 克
生姜	12.5 克
精盐	5 克
味精	2.5 克
色拉油	5 克

营养分析

能量（kcal）	238.2
蛋白质（g）	12.1
脂肪（g）	12.3
糖类（g）	22.4
膳食纤维（g）	2.8

制作关键

豆芽和芥蓝是脆性植物原料，而且含有丰富的微量元素和矿物质，宜采取煮沸的开水，将两者快速烫熟，时间不宜过长，在保持营养的前提下，不失食材本来的口感。

制作方法

① 绿豆芽去头去尾，挑出完整的部分洗净泡水备用。

② 嫩芥蓝去皮，切出 5 mm × 5 mm × 60 mm 的长条，泡水备用。

③ 火腿蒸熟后切成丝，冷藏备用。

④ 京葱绿叶、葱白切成细丝，泡水备用。余下京葱，切成葱段备用。

⑤ 青椒、红椒切成细丝备用。

⑥ 温油煸炒京葱段、茴香、蒜瓣和生姜，用小火上色出香，加入水、酱油、美极鲜味汁和老抽，沸腾后加入精盐、白砂糖和味精调味，制作成调味汁，保温备用。

⑦ 水烧开后加入适量色拉油，倒入绿豆芽，焯水大约 1 分钟，捞出沥干水分，与火腿丝拌匀。芥蓝焯水，京葱丝、青红椒丝焯水备用。

⑧ 将绿豆芽、火腿丝加入一勺调味汁拌匀。

⑨ 将芥蓝铺放到器皿中排好，拌好的绿豆芽堆叠在芥蓝上，淋调味汁，用葱丝、青红椒丝装饰即可。

1. 原料选用　　　2. 制作调味汁
3. 豆芽焯水　　　4. 芥蓝刀工处理
5. 芥蓝焯水　　　6. 辅料焯水
7. 混合拌匀　　　8. 芥蓝装盘
9. 装饰出品　　　10. 成品图片

　　火腿富含优质蛋白质、脂肪、维生素 A 和铁、钠等矿物质。绿豆芽的热量很低，含有丰富的维生素 C，可预防维生素 C 缺乏病、口腔溃疡的发生。绿豆芽所含的膳食纤维可促进肠蠕动，具有通便的作用。绿豆芽性凉、味甘，可清热解毒、消肿、利湿热。芥蓝含有丰富的维生素 A、维生素 C 和膳食纤维，有顺气化痰、解毒利咽等功效，特别适合食欲不振、便秘、高胆固醇者食用。

任务总结

　　通过菜肴金银满盘的历史文化的学习，学生应了解一些传统饮食文化的起源和变迁。学生还应了解这道菜肴的制作要领和成品特色。通过营养成分分析，学生应了解相关食物的饮食宜忌。通过任务实施，学生应掌握原料性质的选择搭配，了解菜肴分量的选用，了解并学会如何从饮食文化传统中获取灵感，研发和改进菜肴。

专家点评

　　金银满盘自典故而来，蕴含着深厚的文化寓意和美好祝福。此菜肴兼具爽脆和鲜香，红、白、绿三色掩映搭配，极具风味和美感。

清凉一夏

任务目标

1. 了解清凉一夏的原料知识及其制作的相关知识。

2. 熟知清凉一夏的设计要求及其主要工作过程。

3. 掌握清凉一夏的制作方法、操作规范和操作关键。

4. 独立完成清凉一夏的制作任务。

文化导读

慕斯成"杨梅"

夏天常以炎热酷暑、高温湿重示人。每逢夏季，人们常常食欲欠佳，这个时候，酸味食物最能打开味蕾。摘一颗杨梅入口，就好像是酸甜的果汁炸弹在嘴里炸开，酸甜似琼浆的口感使其成为美艳不可方物的时令风物。光是想到杨梅，足以口舌生津。提起杨梅，就好像是每年夏天的约定，只有短短十多天品尝期，颇为珍贵。如何留住品尝期，使其成为夏季的常客？这道点心正是以此为出发点，将慕斯做成杨梅形状，搭配树莓果蓉馅心，酸甜可口，生津开胃，在视觉上引起共情，再利用慕斯冰凉的口感，让你透心凉，心飞扬。

【树莓】树莓为蔷薇科悬钩子属植物，一般指山莓，又称三月泡、四月泡等。落叶灌木，径高 1～2 米，花期 3～4 月，果期 5～6 月。树莓主要分为黑莓和红山莓两种。黑莓果实为紫黑色，富有光泽，味道偏甜，香味浓郁，南方以种植黑莓为主，主要有黑莓三冠王、阿甜、那好三种。红山莓果实为圆形，聚合浆果，深红色，柔嫩多汁，酸甜适口，北方以栽植红山莓为主，其中以丰满红和红宝玉为佳。树莓通常搭配蜂蜜、酸奶、冰激凌等食用，或制成树莓果蓉，用于西式点心制作。

风物特产

1. 原料图
2. 馅心制作
3. 隔水融化
4. 制作慕斯
5. 镶入树莓馅心
6. 蒸制黄小米
7. 拌入竹炭粉
8. 慕斯脱模
9. 裹上黄小米
10. 喷砂
11. 巧克力叶子
12. 成品图

任务实施

选料

（1）馅心原料

树莓果蓉	125 克
糖粉	30 克
君度力娇酒	3 克

（2）慕斯原料

牛奶	38 克
奶油	290 克
吉利丁片	1 片
糖粉	25 克
白巧克力	150 克
树莓果蓉	75 克
黄小米	25 克
竹炭粉	20 克
色拉油	1 桶

（3）喷砂部分

可可脂	250 克
白巧克力	215 克
紫色巧克力色粉	适量

（4）百香果气泡水原料

百香果果肉	2.5 克
绵白糖	3 克
原味气泡水	15 克

制作方法

（1）馅心。

将树莓果蓉、糖粉、君度力娇酒搅拌均匀，倒入模具中速冻。

（2）慕斯。

①将吉利丁片用冰水软化，巧克力隔水融化，奶油打至六成发。

②将牛奶加热煮沸后，加入吉利丁片、巧克力、奶油、糖粉、树莓果蓉，搅拌均匀，制成慕斯溶液。

③在模具中倒入一半的慕斯溶液，放入冻好的树莓馅心，继续倒入剩余的慕斯溶液，将模具填满，放入冰箱速冻。

④将黄小米蒸熟后晾干，在锅中加入色拉油，待油温烧至 180 ℃后，将黄小米炸制成熟，用吸油纸吸干表面的油渍后搓散，晾凉后加入竹炭粉上色。

（3）喷砂。

①将可可脂、白巧克力隔水融化，制成巧克力液体。

②树莓慕斯脱模后，放入冷藏冰箱，回温 2～3 分钟后取出，用竹签将其裹满巧克力液体，并迅速裹上黄小米。

③取 250 克巧克力液体，加入色粉，调出紫红色，装入喷砂机中，喷在树莓慕斯表面。

（4）百香果气泡水。

将百香果果肉和绵白糖搅拌均匀，加入原味气泡水即可。

营养分析

能量（kcal）	4204.0
蛋白质（g）	37.2
脂肪（g）	213.1
糖类（g）	405.0
钙（mg）	691.0

制作关键

① 吉利丁片要用冰水软化。

② 黄小米要蒸熟再炸制，否则容易返生。

③ 喷砂时，巧克力要温热，否则容易堵塞喷砂机。

饮 食 建 议

　　巧克力富含碳水化合物、脂肪、蛋白质及多种人体所需的矿物质。巧克力还含有丰富的类黄酮物质，具有抗氧化作用，有利于维持和促进心血管健康。树莓不仅含有碳水化合物、维生素、矿物质等营养成分，而且富含酚类及其他活性成分，具有抗氧化、降血脂等功效。本菜品糖类含量较高，糖尿病者不宜食用。

任务总结

　　清凉一夏——杨梅慕斯配百香果汁具有口味酸甜、清凉解腻的特点。在制作过程中，学生应注重造型，制作宜精细。杨梅慕斯形似杨梅，内嵌树莓果蓉馅心，口味独具一格，一颗清凉一夏，足以解除夏日的炎热。再搭配清新的百香果汁，可带走一餐的油腻。

专家点评

　　清凉一夏这道点心名副其实。通过酸甜的口味搭配、冰镇的低温口感、逼真的象形效果达到消暑降温的目的，制作过程中巧妙运用黄小米、竹炭粉、巧克力喷砂等新原料和技法，展示制作者的巧手匠心。

秋之桂宴

项目三

『莫羡三春桃与李，桂花成实向秋荣。』桂花盛开，树上的白果、栗子，地上的南瓜、芋芳，水中的鸡头米、红菱……是水乡苏城沉甸甸的秋色。『秋实水韵』，钩沉李渔笔下『今而后，无下箸处矣』的江南绝世美味『四美羹』，与白果泥虾饼相配，在一抹金灿灿的桂花中舒展『秋桂宴』画卷……

宴席赏析

丛桂怒放，金色挂枝，满城桂香，正是食物丰收的季节。茨菰又名慈姑，秋日的"水八仙"之一。苏州慈姑皮黄肉白，美其名曰"苏州黄"，肉汁甜美。由慈姑、塘藕、各色果泥、桂花组合成的水果拼盘，茨菰片如琵琶竖列摆放，立体呈现，线条流畅，律动感强，是水乡小桥流水的秋日私语。水晶脍是从宋元美食中挖掘的苏州传统冷菜，用青鱼鳞、青鱼皮等做成冻状。水晶蟹方借鉴水晶脍的制作技法，鱼骨、蟹壳加水、黄酒、葱、姜等熬汤，加入蟹肉、鳜鱼做成了新版的水晶脍，菜式晶莹剔透，质地娇柔，丰盈华丽，蟹香四溢，为秋令冷菜佳品。桂香红藕、秋莲紫香、菊韵鸭醇……款款秋令冷碟，秋味正浓。

秋之桂宴的热菜突出的是创意。热菜秋实水韵，挖掘李渔笔下的江南古菜，古为今用。松蕈，又名糖蕈，苏州名蕈，生长于松花飘落的松树茂密处，农历八月产的秋蕈尤美。秋日蟹粉、鳊鱼肚档肉、莼菜、松蕈四样名产做羹，李渔称为"四美羹"。蟹粉肥腴，鱼肉肥嫩，莼菜滑爽，松蕈鲜香，四美汇聚，配以分子美食黑醋胶囊提味，形味相得益彰。热菜水乡秋色，是在清代苏州古菜栗子鸡的基础上演变制成。栗子鸡"蜕变"成出骨八宝糯米鸡卷，配栗子泥与黑松露，鸡肉软嫩，味香浓郁。醇香酒焖肉是苏州秋令传统名肴，选五花肉，用醇香酒、糖、酱油焖至酥烂，配藜麦金橘调节口味，醇香馥郁，咸甜适口，色泽诱人，桂香宜人。晚秋菊影是一道富有诗意的热菜，运用传统菊花花刀的技法，豆腐与鹅肫双双剞成菊花形状，沸水烫熟，放入汤盘，加入红黄两色樱桃番茄汁，滚烫的鸡清汤徐徐倒入汤盘中，待见黄中透红的番茄汁从盘底泛起，如一轮晚霞映照怒放的秋菊，如诗如画，引人入胜。

点心是在象形上做文章。秋日，赏菊品蟹乃雅趣惬意之事。点心菊香蟹肥，和南瓜汁制成的发酵面团，包入蟹粉肉酱馅心，蒸熟，趁热剪成菊花形馒头；火龙果调色，包入莲蓉馅，制成的水红菱船点，象形秋点，多了一份情趣。栗子、糖桂花、白果、秋天的花果与抹茶粉等用中西点心手法做成的栗子、白果、秋叶，真真假假，在盘中再现水乡秋日景象，充满秋的遐想。

南塘鸡头米、莳门茭白、石湖塘藕、太湖莼菜、吴江红菱、车坊荸荠、甪直茨菰、吴中水芹，水乡姑苏孕育八样水生名品，美誉"水八仙"，是苏城一张亮丽的名片。春天菜苋、夏天鸡毛菜、秋天小青菜、冬天小藏菜，苏州一年四季不断菜。菜饭是苏州的标志性美食，也称苏式菜饭，素享美誉。菜饭做法多样，最基本的做法是一定要用上猪油。猪油菜饭是菜饭的标配，在计划经济年代，能吃上一碗是一种奢侈。菜饭较为讲究的吃法就是要加入咸肉，称为咸肉菜饭，再讲究一点，还要在咸肉菜饭上撒上一些油渣碎屑，喷香四溢。八宝菜饭加入"水八仙"食材，是咸肉菜饭的升级版，饭糯菜香，鲜咸腴润，"八仙"佐味，令人馋涎欲滴。秋之桂宴，水乡秋实，在桂花的芬芳中散发秋日水乡丰收的气息。

项目目标

1. 熟知秋之桂宴菜单设计、原料采购、菜品制作、保管等工作过程知识。
2. 掌握秋之桂宴制作的菜品设计方法与相关知识。
3. 掌握秋之桂宴宴席生产规范与工艺要求。
4. 合作完成秋之桂宴设计制作的一般岗位工作任务。

菜单设计

"莫羡三春桃与李，桂花成实向秋荣。"桂花盛开，树上的白果、栗子，地里的南瓜、芋艿，水中的鸡头米、红菱……是水乡苏城沉甸甸的秋色。若是桂花入盘中，满席皆是幽香来。"秋实水韵"，钩沉李渔笔下"今而后，无下箸处矣"的江南绝世美味"四美羹"，与白果泥虾饼相配，在一抹金灿灿的桂花中舒展"秋桂宴"画卷……

菜　单

水　果

秋日私语 （开胃秋令果泥、脆片）

冷　菜

桂花糖藕（八宝糖藕）

秋莲紫香（莲子紫薯冻）

菊韵鸭醇（苏式酱鸭方）

熏香鲈胗（秘制熏鲈鱼）

千层至味（鸡汁百叶）

水晶蟹方（酒香蟹冻）

酸爽芸豆（话梅芸豆）

虾艳霜满（香草盐烤虾）

红果肝肥（山楂鹅肝）

紫茄香腴（肉酱茄干）

热　菜

秋实水韵（蟹粉鳊鱼肚档肉莼菜松蕈配马蹄泥虾饼）

水乡秋色（八宝糯米鸡配栗子泥黑松露）

果香鳗球（果汁香酥鳗鱼配黑醋胶囊果仁酥水果球脆片）

桂色香肉（桂花醇香酒焖肉配藜麦金橘）

晚秋菊影（上汤番茄汁菊花豆腐配菊花鹅肫）

秋露双珠（素细露双味鸽蛋配豆苗）

点　心

菊香蟹肥（菊花包配虾蟹菱角船点）

秋的遐想（巧克力糖桂花栗子配银杏脆片银杏酥）

主　食

八宝菜饭（水八仙菜饭）

任务一

秋 日 私 语

任务目标

1. 了解秋日私语的原料知识及其制作的相关知识。

2. 熟知秋日私语的设计要求及其制作的主要工作过程。

3. 掌握秋日私语的制作方法、操作规范和操作关键。

4. 独立完成秋日私语的制作任务。

水果拼盘艺术

水果拼盘是运用切、雕等技艺将各种水果加工拼摆组合成型，主要运用于酒席、下午茶、早餐、酒会、冷餐会等。根据不同的需求与宴会特点，采用不同的水果色彩和品质特点，水果拼盘不是随意的切配组合，而是通过构思和合理搭配将各种时令水果拼摆出不同的艺术造型，不只是饱尝口福，还能够烘托气氛，又有视觉美的享受。秋桂宴中的秋日私语意欲呈现出秋天硕果累累的丰收景象，不光采用了新鲜的水果，还选用了茨菰、莲藕、山药、南瓜等果实类植物，通过对茨菰、莲藕、红薯切薄片炸制控油，保留了原有形态的脆片，通过组合搭配酸甜的果酱，让人眼前一亮，秋日丰收的喜悦油然而生。口感上脆脆的脆片，清爽的水果，酸甜的果酱，更是层次丰富，融入多重元素，相辅相成，让人回味！

【茨菰】茨菰，又名慈姑、剪头草、白地栗，为泽泻科植物茨菰的球茎。扁圆形或卵圆形，皮色黄白，皮薄光滑，肉质致密。生在水田里，叶子

像箭头，开白花。主产于长江流域及其以南各省、太湖沿岸及珠江三角洲，北方有少量栽培，每年11月至次年2月收获上市。地下有球茎，黄白色或青白色，以球茎作蔬菜食用。茨菰肉微黄白色，质细腻、酥软，味微苦。可炒可烩可煮。茨菰烧肉别具风味。清末代皇帝溥仪在回忆录中说，他最青睐的御膳之一便是茨菰烧肉。茨菰嫩茎亦可炸食。《随息居饮食谱》记载茨菰："入肴加生姜以制其寒。"茨菰含淀粉、蛋白质，以及维生素B、维生素C、胆碱、甜菜碱等，久食有益无害。

风物特产

任务实施

选料

茨菰	25 克	蓝莓果酱	10 克
小香薯	30 克	猕猴桃果酱	10 克
藕	20 克	杜果果酱	10 克
香菇	10 克	树莓果酱	10 克
四季豆	30 克	椰子酱	2 克
土豆	50 克	纯净水	500 克
荔浦芋头	75 克	绵白糖	250 克
山药	75 克	蜂蜜	100 克
板栗南瓜	75 克	干桂花	50 克
哈密瓜	50 克	精盐	14 克
火龙果	30 克	淡奶油	50 克
红心柚子	25 克		
黄心猕猴桃	75 克		

制作方法

①取完整茨菰、小香薯、藕、香菇切成薄片，茨菰片、小香薯片、藕片、香菇各撒1克精盐拌匀，茨菰片、小香薯、藕片、四季豆放入油锅炸脆捞出，用厨房纸吸干油。香菇整齐地排列在烤盘纸上放入烤箱，烤箱上下温度调至100℃，烤制1小时。

②板栗南瓜切成边长为2厘米的正方形，荔浦芋头切成长3厘米、宽1厘米的长方形，山药修成直径为2厘米、高为5厘米的圆柱体，上蒸笼蒸10分钟。土豆切小块上蒸笼蒸30分钟，取出放入10克精盐、50克淡奶油制成土豆泥。

③将纯净水500克、绵白糖250克、干桂花50克烧开后转小火煮10分钟，离火放入100克蜂蜜晾凉，分成三份，分别泡入南瓜、芋头、山药，浸泡3小时。

④火龙果切成等腰三角形，猕猴桃对半切，再切成厚度为1厘米的厚片，哈密瓜修成直径为2.5厘米、高1厘米的圆柱，红心柚子剥成小块。

⑤将浸泡好的南瓜、芋头、山药取出，山药从中段斜切，将南瓜与小香薯片、茨菰片与芋头、藕片与山药组合，最后拼摆装盘，果酱点缀。

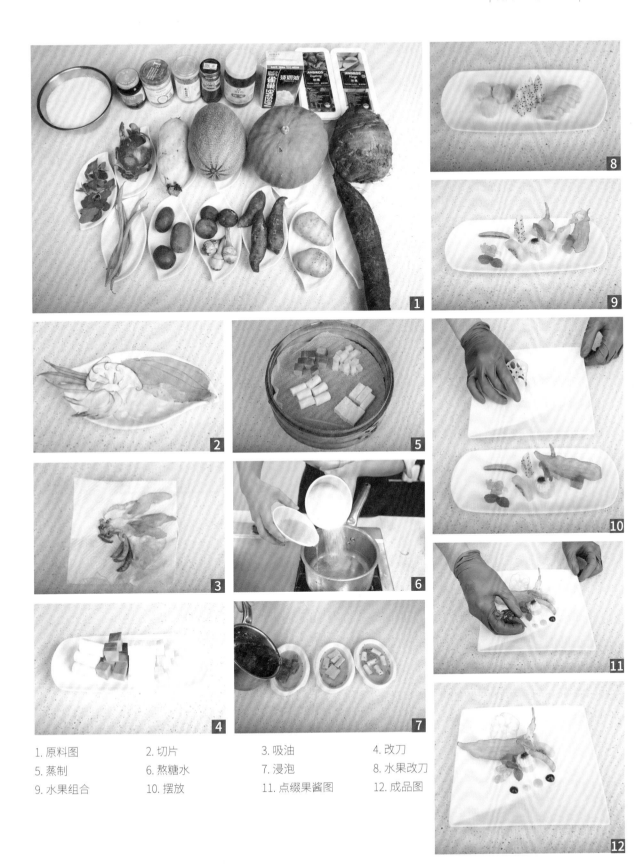

1. 原料图　　　　2. 切片　　　　　3. 吸油　　　　　4. 改刀
5. 蒸制　　　　　6. 熬糖水　　　　7. 浸泡　　　　　8. 水果改刀
9. 水果组合　　　10. 摆放　　　　　11. 点缀果酱图　　12. 成品图

营养分析

能量（kcal）	522.9
蛋白质（g）	13.8
脂肪（g）	21.4
糖类（g）	80.4
维生素A（μg）	340.7
维生素C（mg）	65.9

制作关键

切片时一定要薄，太厚不容易炸脆。炸制时要注意油温不可过高，否则容易炸糊。蒸制的原料不可切得过小或不均匀，蒸制时间不宜过长，以免在后期糖水浸泡时泡烂。

茭菰主要成分为淀粉、蛋白质，还富含多种维生素及钾、磷、钙等矿物质，具有行血通淋、化痰止咳等功效。山药所含的皂苷、黏液质等，能够阻止血脂在血管壁的沉淀，山药还富含山药淀粉酶和多酚氧化酶，有利于促进脾胃消化。南瓜含有丰富的微量元素钴、果胶及 β - 胡萝卜素，有助于预防糖尿病、高血压、高脂血症。

任务总结

秋天是丰收的季节，秋日私语运用了丰富的果实类，保留了原有的食物特征呈现制成脆片，配合软糯的桂花糖水浸泡的山药、板栗南瓜、荔浦芋头，点缀酸甜适口的果酱，色泽诱人，桂花清香，香脆软糯，造型美观。不同的成熟方法、不同的口感质地组合搭配，一定程度上开拓了学生的思维创新能力。通过营养成分分析，学生应了解相关食物的饮食宜忌。通过任务实施，学生应掌握原料选择要求、制作要领和成品特色。

专家点评

这道菜就像秋季果实的一场集体舞，缤纷的色彩，丰富的口味，不同口感的果蔬，通过多样的加工集中在一个盘内，像秋天的立体的雕塑般给人以视觉冲击，又用丰富的味道唤醒食者的味蕾。

任务二

桂花糖藕

任务目标

1. 了解桂花入馔的历史文化知识及桂花糖藕制作的相关知识。
2. 熟知制作桂花糖藕的设计要求及其制作的主要工作过程。
3. 掌握桂花糖藕的制作方法、操作规范和操作关键。
4. 独立完成桂花糖藕的制作任务。

文化导读

桂花入馔飘香来

桂花又称木犀或木樨，在秋时开放，香气四溢。桂树其木纹如犀，故名木犀。自古以来，"桂"字与饮食有着不解之缘。唐宋时期，随着月桂神话的形成和中秋民俗的出现，桂花逐渐继承了"桂"的名称而走进人们的生活。宋代《山家清供》中就有"采桂英，去青蒂，洒以甘草水，和米舂粉，炊作糕"而做成的桂花点心，号曰"广寒糕"，极尽清雅。到了明清时期，桂花之名的饮食已经是很常见的了。《御定广群芳谱》中有"桂花点茶，香生一室"的桂花茶，也记载了频斯国人酿制的桂花酒。《养小录》中也有用桂花、干姜、甘草熬制的桂花汤。甚至一些菜肴也以"木樨"为雅名。《清稗类钞》称"蛋花汤曰木樨汤"，因为"蛋花之色黄如桂花也"。鲁菜名菜"木樨肉"也因桂花得名。在点点滴滴间，桂花的香气总是缠绕着丝丝缕缕文雅的浪漫，悄悄地渗入饮食之中。秋桂宴中的桂花糖藕，嗅之幽香，品之香甜，在舌尖流转，在齿颊留香，让人回味无穷。

风物特产

【桂花】仲秋时节，丛桂怒放，夜静轮圆之际，把酒赏桂，陈香扑鼻，令人神清气爽。桂花在苏州有着很长的种植历史，自古就深受苏州人的喜爱。桂花是苏州的市花。苏州人也将桂花称为木樨花，相传在新人们喜结连理之时会种上一棵桂花树。可见，在苏州人的心里赋予了桂花更深的情感。来到苏州，除了要品尝苏帮菜外，糕点也是必选的，其中一道桂花糕，相信大家都不陌生。桂花在苏州人的美食里扮演着很重要的角色，如桂花酒酿圆子也深受人们的喜爱。还记得冬至夜的那一杯桂花冬酿酒吗？米酒的醇香加上桂花的清香，让人意犹未尽。

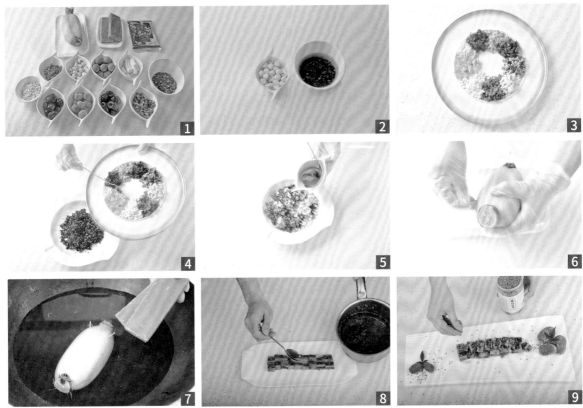

制作方法

① 将一段新鲜莲藕洗净，在一头 5 厘米处切断，保留完整备用。

② 鸭血糯米与莲子放入纯净水中浸泡 1 小时后沥干水分。

③ 八宝馅料切小，与鸭血糯米、豆沙拌匀，填入洗净的莲藕中，切下的一头用牙签固定好，将填塞好的莲藕放进锅里，放入纯净水、片糖，煮 5 小时，自然冷却。

④ 白砂糖、麦芽糖、红桂花加入水融化，小火煮 10 分钟，加入蜂蜜，晾凉备用。

⑤ 将冷却的糖藕改刀成 2 厘米宽的正方形，淋上熬好的桂花糖汁，装盘摆成长品字形，撒上红干桂花，装饰成型即可。

1. 选用原料
2. 浸泡原料
3. 八宝馅料
4. 拌糯米
5. 拌豆沙
6. 封口
7. 煮制
8. 浇桂花糖汁
9. 装饰点缀
10. 成品图

任务实施

选料

莲藕	250 克
鸭血糯米	60 克
豆沙	50 克
红枣	12.5 克
蜜枣	12.5 克
糖金橘	12.5 克
冬瓜糖	12.5 克
瓜子仁	12.5 克
莲子	12.5 克
葡萄干	12.5 克
核桃仁	12.5 克
桂圆干	12.5 克
片糖	125 克
纯净水	2.5 升
蜂蜜	25 克
白砂糖	50 克
麦芽糖	12.5 克
红桂花	7.5 克

营养分析

能量（kcal）	1602.2
蛋白质（g）	18.1
脂肪（g）	13.6
糖类（g）	363.4
维生素 C（mg）	111.7
铁（mg）	11.2

制作关键

八宝馅料切制时，切得不能过大或过小，否则影响填塞或成品口感。填塞时不可过紧过实，以免煮时爆裂。牙签也要固定好，以免在长时间煮制时糯米涨开散落，影响成品质感。

桂花能化痰、散淤、辟臭。莲藕含有丰富的维生素 C，含铁量较高，适合缺铁性贫血患者食用。莲藕所含的膳食纤维能帮助消化，防止便秘，此外还含有淀粉、蛋白质等营养成分。熟制食用具有益血、止泻、健脾、开胃的功效，适用于治食欲缺乏、贫血、久泻等症。

任 务 总 结

　　桂花糖藕是江南地区传统菜式中独具特色的一道菜品，桂花香味浓郁。秋桂宴中的桂花糖藕在原有的基础上突破传统，采用糖藕与八宝饭相结合，使原有的口感更为丰富多彩。通过"桂花糖藕"历史文化知识的学习，学生了解饮食传统文化的魅力。通过营养成分分析，学生应了解相关食物的饮食宜忌。通过任务实施，学生应掌握原料选择要求。学生通过两个传统菜品的组合，进行磨合、相互融合，创新制作技法，学生也能够从传统中学会传承，从融合中学会创新，不断丰富菜品。

专 家 点 评

　　糯米桂花糖藕是江浙一带秋季的时令佳肴。这道桂花糖藕别出心裁地加入了八宝填料做馅，将甜糯的八宝饭与酥软的莲藕相结合，清爽之余多了一份丰腴的口感，不禁让人想起了儿时吃八宝饭的满满幸福感。

熏香鲈脍

任务目标

1. 了解吴中经典"莼鲈之思"的相关知识和熏香鲈脍制作的相关知识。
2. 熟知熏香鲈脍的设计要求及其制作的主要工作过程。
3. 掌握熏香鲈脍的制作方法、操作规范和操作关键。
4. 独立完成熏香鲈脍的制作任务。

文化导读

吴中经典——莼鲈之思

清凉的秋风最易触动人的思乡之情。秋风乍起,凉意丝丝,悠悠往事浮上心头,家乡味道也飘入心间。而此时的西晋诗人张翰正身在异乡,想家而无法返回,于是写下了这首流传千古的《思吴江歌》:

秋风起兮木叶飞,吴江水兮鲈正肥,

三千里兮家未归,恨难禁兮仰天悲。

张翰毅然辞官,回到家乡,看落日红霞,听流水清唱,品美味佳肴。这样的江南日子好不快活。对于张翰而言,吴中的莼菜羹和鲈鱼脍不仅仅是一道道美味,一种温情,更是一种陪伴和心安。游子思乡,自古以来一直都是人之常情,菰菜、莼菜、鲈鱼不比河豚鲜美,是最平常的味道,但因为平凡,所以深刻。落叶归根,归的不仅是对家乡味的思念,更是游子之心的回归。莼鲈之思,成为最经典的故乡思念。

风物特产

【鲈鱼】自古以来，鱼一直受到我国人民的喜爱，不仅在于它味道鲜美，更在于它有着富贵吉祥的美好寓意，"年年有余"是每个中国人在年头都会挂在嘴上的话语。

鱼的种类有很多，但很久以来，鲈鱼是文人骚客的最爱。"云带雨，浪迎风，钓翁回棹碧湾中。春酒香熟鲈鱼美，谁同醉？缆却扁舟篷底睡。"（李珣《南乡子·云带雨》）诗人李珣在诗中描绘了一幅鱼香、酒香满满的温馨画面，让人不禁口水直流、食欲满满。而鲜美异常的鲈鱼，它的捕获也是十分艰辛。鲈鱼，又名花鲈、鲈子鱼、鲈板、花寨等，是真鲈科花鲈属。多分布于沿海地带及河江入海处。鲈鱼背厚，鳞小肚小，背部有小黑点，肉多刺少，肉呈蒜瓣状，肉质白嫩、韧性强。每年立秋前后，鲈鱼肉质最为肥美，备受食客青睐。

任务实施

选料

鲈鱼	250 克
面包糠	100 克
精盐	5 克
七味粉	7.5 克
椒盐	2.5 克
碧螺春茶叶	25 克
蒜头	30 克
香葱	5 克
色拉油	1000 克

制作方法

① 鲈鱼宰杀后去脊骨，将鱼叶子去肋骨，保留鱼肉和鱼皮，斜刀改成小块，漂洗干净后加入精盐、七味粉腌制 24 小时。

② 鱼肉取出洗净，用厨房纸吸去多余水分，放入七成油温的油中炸至外焦里嫩，捞出沥干油备用。

③ 蒜头切丁入锅炸至金黄后捞出，干茶叶泡发后沥干水分，入锅煸至脱水后盛出备用。

④ 面包糠翻炒至金黄，加入葱花、蒜末、茶叶、鱼肉、椒盐、七味粉翻炒至鱼肉飘香即可。

⑤ 炒好的鱼肉连同小料装入深盘中，保鲜膜封口，进行熏烟，使烟充分进入鱼肉，装盘即成。

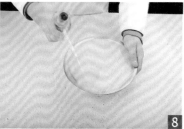

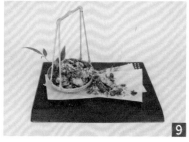

1. 选用原料	2. 骨肉分离
3. 鱼肉腌制	4. 鱼肉炸制
5. 鱼肉沥油	6. 炒制茶叶
7. 翻炒增香	8. 喷烟熏制
9. 成品图	

营养分析

能量 (kcal)	693.8
蛋白质 (g)	35.0
脂肪 (g)	34.9
糖类 (g)	60.0
钙 (mg)	204.6
烟酸 (mg)	4.5

制作关键

对鲈鱼进行刀工处理时，要注意骨肉彻底分离，以免肉中带刺，影响口感。炸制鲈鱼时，要注意控制油温，油温过低易炸碎鲈鱼，温度过高则易使鲈鱼炸得焦黑。

熏香鲈脍是以"中国四大淡水名鱼"之一的鲈鱼为原料制作而成的。鲈鱼富含蛋白质、B族维生素、钙、镁、锌、硒等营养元素，还含有大量的不饱和脂肪酸，对心脑血管和大脑发育有益。鲈鱼肉质细嫩，容易消化吸收，具有健脾、补气、益肾、安胎之功效，适宜贫血头晕、妊娠水肿、胎动不安、产后乳汁缺少者食用。

任务总结

熏香鲈脍是一道以鲈鱼为原料的冷菜，在制作时去尽了鲈鱼骨，并通过熏的方式赋予鲈鱼酥香的风味特色，给食客不一样的吃鱼体验。通过吴中经典"莼鲈之思"的学习，学生应充分了解苏州当地特色物产，关注家乡的饮食文化，并激发对家乡的自豪与热爱之情。通过营养成分分析，学生应了解相关食物的饮食宜忌。通过任务实施，学生应掌握熏香鲈脍的原料选择要求、制作关键，并独立完成菜肴制作。

专家点评

这道菜肴选用的是鲈鱼，纯鲈鱼肉，加工成块状。因此，在烹调方法上使用了传统爆鱼加熏制的方法来制作，并结合了避风塘菜式，很好地突出了调味的作用，形成了多种味道的复合。茶香、熏香、蒜香、鱼香融合，口感酥脆，是一道新意十足的鲈鱼菜肴。

任务四

水 晶 蟹 方

任务目标

1. 了解水晶蟹方的原料知识及其制作的相关知识。

2. 熟知水晶蟹方的设计要求及其制作的主要工作过程。

3. 掌握水晶蟹方的制作方法、操作规范和操作关键。

4. 独立完成水晶蟹方的制作任务。

 文化导读

苏州传统蟹肴

金膏浓腻一筐足，玉脂滑润双螯缄。

——孙晋灏《食蟹》

　　"秋风起，蟹脚痒。"阳澄湖大闸蟹无疑在苏州的饮食文化中占有重要的一笔。蟹最常见的吃法便是蒸煮了。《清嘉录》上说烹蟹的方法为"煠"蟹，取"汤煠而食"。"煠"一为炸，也就是"炸"字的旧字。汤煠而食，就是用水煮蟹。民国年间，出现了"大炸蟹"的说法，是用水和紫苏煮蟹而食。包天笑在《大闸蟹史考》中谈及"闸"字可能是"煠"字的误传。却也有说法是"闸"为捕蟹用的工具。陆龟蒙在《蟹志》中写道："渔者纬萧承其流而障之，曰'蟹断'，断其江之道焉尔。"大概捕蟹用的"闸"便是源于这里吧。如今，"簖蟹"依然有之，"大闸蟹"的名字却不知何来了。此外，螃蟹还有许多做法。弘治《吴江志》里记录了醉蟹的做法：在蟹脐中抹上盐，用绳线捆绑好，浸入白酒中，可以储存两个月。如果想要立刻吃到，可以将蟹放在太阳下晒，然后反复浸入酒中几次，即可食用。比较奢侈的吃法便是剥取蟹肉、蟹黄，叫作"蟹粉"，并以蟹粉烹制其他菜肴。苏州船菜中便有"蟹粉烧卖"作为点心，以显示宴席的高端精致。在陆文夫的《美食家》中，也由"蟹粉菜心"而产生了"老爷们"和"工农兵"饮食的矛盾。"蟹粉菜心"便象征了旧社会上层人士的奢侈饮食。《随园食单》中也有"剥壳蒸蟹"一菜，是以蟹肉和鸡蛋蒸制而成。苏州厨师擅长出蟹粉，将蟹肉和蟹黄合炒成蟹粉，以蟹壳作为容器，再以火腿等配料点缀，精巧鲜艳。苏帮名菜雪花蟹斗便是将蟹粉放入蟹壳中，并以蛋清制作的"雪花"作为装饰，成为苏帮菜中集"雅趣""鲜趣"于一身的名菜。

风
物
特
产

【阳澄湖大闸蟹】阳澄湖是海水与淡水在长江交汇所遇到的第一个湖泊。这里地形复杂，水位常年稳定在2米左右，光照非常充足，湖内生物种类丰富，湖边稻谷飘香，独特的地理条件为大闸蟹的生长提供了良好的环境。"青背白肚、金爪黄毛、脂满膏丰"的阳澄湖大闸蟹被视为"蟹中之王"。螃蟹之鲜而肥，甘而腻，白似玉而黄似金，肉质鲜美。制作中将螃蟹肉壳分离，鳜鱼去骨，鱼骨和蟹壳熬汤，干贝蒸熟成丝，利用吉利丁片的凝固作用，将蟹肉固定于骨汤中，制作成蟹冻。蟹冻透明，肉质细嫩，咸鲜爽口，造型美观。蟹冻的拼摆方式不多，最为有效的方式便是加工成长方体状，整齐排列。

1. 原料图　　　2. 骨、壳肉分离　　3. 煮干贝
4. 干贝丝　　　5. 芥末、高汤过滤　6. 入模具
7. 冷却定型　　8. 改刀成型　　　9. 成品图

任务实施

选料

螃蟹	200 克
鳜鱼（吊汤用）	250 克
干贝	25 克
精盐	3 克
鸡粉	3 克
花雕酒	100 克
生姜	10 克
香葱	15 克
清水	500 克
吉利丁片	3 片
芥末	3 克

制作方法

① 螃蟹蒸熟，出蟹粉留壳。鳜鱼进行刀工处理，取下鱼肉留骨。干贝加入葱姜煮透，撕碎备用。

② 鱼骨、蟹壳吊汤，加入清水、生姜、香葱、花雕酒、鸡粉和精盐，大火煮开转小火，焖煮 30 分钟关火。

③ 芥末加水调汁，和煮好的高汤混合，用滤纸滤清高汤，称取 300 克汤，放入泡好的 3 片吉利丁片，化开晾凉，备用。

④ 以吐司模为模具，内附保鲜膜，先铺一层高汤入冰箱冷却凝固，随后铺上一层蟹粉干贝丝，压实后加入 300 克高汤冷藏至定型，取出改刀装盘即可。

营养分析

能量（kcal）	187.3
蛋白质（g）	35.6
脂肪（g）	2.8
糖类（g）	3.2
维生素A（μg）	326.8
钙（mg）	105.8

制作关键

出蟹粉时，注意将骨肉彻底分离，以免肉中带壳，影响口感。芥末调汁时切勿加多，否则冲鼻影响口感。在吐司模中进行冷却制作时，一定要按照高汤→蟹肉→高汤的顺序，逐层冷却定型。

饮食建议

螃蟹含有丰富的蛋白质、维生素A、维生素B_2，以及钙、磷等矿物质，蟹黄中的胆固醇含量较高。螃蟹有清热解毒、补骨添髓、养筋接骨、活血之功效。蟹肉寒凉，脾胃虚寒者应少食；患有冠心病、高血压、动脉硬化者，不宜多食蟹黄。

任务总结

螃蟹之鲜而肥，甘而腻，白似玉而黄似金，肉质鲜美。水晶蟹方菜肴中蟹冻透明，蟹肉细嫩，咸鲜爽口，造型美观。在对螃蟹进行出壳时，注意将壳肉彻底分离，以免肉中带壳，影响口感。在成型时，一定要注意按照高汤→蟹肉→高汤的顺序，逐层冷却定型。对儿童、老人及体弱、脾胃消化功能不佳的人来说，要注意对螃蟹的食用分量，不可多食。

专家点评

说起用蟹制作冷菜，近几年因为食品安全要求的提升，熟醉蟹颇为流行，但食之有壳较为不便，而这道水晶蟹方取蟹肉成冻，加鳜鱼增料、干贝提味，与熟醉蟹有异曲同工之妙，可视为升级版。

任务五

酸爽芸豆

文化导读

苏州蜜饯

蜜饯也称果脯，古称蜜煎。以桃、杏、李、枣、冬瓜、生姜等果蔬为原料，用糖或蜂蜜腌制后加工制成的食品。苏式蜜饯历史悠久，是特色传统小吃。它的制作工艺独特，味美色鲜，畅销全国各地，深受消费者的欢迎。苏州制作蜜饯的历史可上溯到三国时代，清代是苏式蜜饯的鼎盛时期，其中以"张祥丰"最为著名，历来是宫廷食品。苏式蜜饯现有160多个品种，以金丝蜜枣、奶油话梅、金丝金橘、白糖杨梅、九制陈皮最为著名。苏式话梅的风味是甜中带酸，爽口生津，而且回味久长。用洞庭柑橘制作而成的苏橘饼和金橘饼，橘香浓郁，味甜爽口，具有开胃通气的功能。蜜饯除了作为小吃或零食直接食用外，还可以用来放在蛋糕、饼干等点心上作为点缀。

【话梅】话梅是芒种后采摘的黄熟梅子（俗称黄梅）经过加工腌制而成。黄梅从树上采下洗净，放大缸里用盐水浸泡月余，

取出晒干。晒干后须用清水漂洗，再次晒干。最后用糖料腌制后晒干即可。经过反复多次的工艺过程，最后形成了肉厚干脆、甜酸适度的话梅。最初，话梅是说书先生用来润口的"秘密武器"。说书时间长了，容易导致口干舌燥，他们便含一颗话梅在口中。当酸咸的味道刺激味蕾后，口中分泌津液，从而起到解舌燥、润咽喉的作用。市面上的话梅、话李和特级话梅等多种同类副食品，属凉果话梅类。这些制品的工艺过程基本相同，而风味的差异是因为配方的不同导致的。

1. 原料选用　　　　2. 煮熟白芸豆　　　3. 泡茶、榨汁
4. 浸泡白芸豆　　　5. 取出白芸豆　　　6. 白芸豆改刀
7. 装盘点缀

 任务实施

选料

白芸豆	250 克
酸梅	2 粒
话梅	2 粒
柠檬	3 片
白砂糖	150 克
清水	500 克
黑枸杞	15 克
洛神花	25 克
火龙果	250 克
橙子	100 克
白葡萄酒醋	适量
苹果醋	适量

制作方法

① 将白芸豆、酸梅、话梅、柠檬、白砂糖和水按比例放入锅中，大火煮沸后转小火炖煮 1 小时。

② 黑枸杞和洛神花用开水冲泡开，火龙果榨汁，待黑枸杞和洛神花茶冷却后，在黑枸杞、洛神花和火龙果汁杯中分别加入白葡萄酒醋、苹果醋。

③ 将煮好的白芸豆分别放入黑枸杞、洛神花和火龙果汁杯中浸泡 6 小时左右，再将三种口味的白芸豆改刀后错开颜色摆盘，并用橙皮丝点缀。

营养分析

能量（kcal）	347.2
蛋白质（g）	21.8
脂肪（g）	1.3
糖类（g）	64.4
膳食纤维（g）	24.5
维生素 E（mg）	15.4
钙（mg）	70.0

制作关键

　　白芸豆在黑枸杞、洛神花及火龙果汁中浸泡6 小时左右才能入色入味。白芸豆用大火煮开后转小火炖煮，从而使其口感软烂。白芸豆应选择颜色光鲜亮丽、质地饱满、干透分明的品种。

饮 食 建 议

　　话梅有健脾养胃、生津止渴的作用。白芸豆含有丰富的蛋白质、膳食纤维、维生素 E 和钙等多种营养成分。白芸豆中的膳食纤维和 α–淀粉酶抑制剂，能够降低体内脂肪的合成，所含的皂苷能提高人体免疫力。白芸豆还是一种高钾低钠的食品，尤其适合心脏病、动脉硬化、高血脂者食用，具有温中下气、利肠胃等功效。

任 务 总 结

　　冷菜制品具有色、香、味、形、质相统一的特点。通过学习制作酸爽芸豆，学生应掌握冷菜的调味、着色及摆盘技法。白芸豆营养丰富，且具有很高的药用和保健价值，是我国传统的药食同源食品。通过营养分析，学生应加深对白芸豆营养价值的认识。本任务学习的重点是如何将白芸豆、黑枸杞及洛神花等原料相配伍，进而提高菜肴色彩和营养价值。要达到这一目标，需要学生在训练中多加揣摩，并能做到举一反三。

专 家 点 评

　　酒店的话梅白芸豆口味酸甜、口感软糯，还兼具食疗作用，但在秋季宴中使用总觉得缺了一点亮色。这款酸爽扁豆为菜肴穿上了霓裳，利用黑枸杞、洛神花和火龙果来增色提味，似乎白芸豆也恋上了秋天的绚烂多彩。

任务六

果 香 鳗 球

任务目标

1. 了解果香鳗球的原料知识及其制作的相关知识。

2. 熟知果香鳗球的设计要求及其制作的主要工作过程。

3. 掌握果香鳗球的制作方法、操作规范和操作关键。

4. 独立完成果香鳗球的制作任务。

分子美食的魅力

　　分子美食的概念最早于 1988 年由匈牙利物理学家 Nicholas Kurti 及法籍化学家 Hervé This 提出，是指通过观察、认识在烹饪过程中由于温度的变化、烹饪时间的长短，不同物质的相遇使得食物产生各种物理与化学变化，在充分掌握之后再加以解构、重组及运用。分子美食在传统料理的基础上，通过建构立体模型探究烹饪的每一个环节，进一步扩大了菜品的味道、口感和组合方式，并将烹饪技术规范化、科学化、系统化。"分子"和"烹饪"看似不搭调的组合，颠覆了人们对传统美食的认知。分子美食技术与中华传统美食相结合，通过合理组配和精心烹调，菜品特色鲜明，富有新意。分子美食的特别之处就是将可食性的化学物质进行组合，或者改变原料本身分子结构再重新组合，也就是从分子的角度制造出更多的美食。低温慢煮、液氮烹饪、烟熏技术、分子胶囊、真空低温烹调技术等是分子美食的常用加工技术。

风物特产

　　【鳗鱼】鳗鱼，又称鳗鲡、青鳝、白鳝等，是鳗鲡目鳗鲡科鳗鲡的肉或全体，属洄游性鱼类。一年四季皆常见，但以夏、冬两季最为肥美。日本自江户时代就有"土用丑之日食鳗鱼"之说，立秋前十八天是一年之中最为炎热的日子。我国古代早已发明了许多由鳗鱼衍生的烹饪佳肴，包括宋代的鳗鱼香肠和明朝的酱沃鳗鲡等。《清稗类钞·饮食类》中记载了四种鳗鱼菜肴，包括蒸鳗鱼、清煨鳗鱼、红煨鳗鱼和炸鳗鱼。苏帮名菜黄焖河鳗讲究"河鳗皮保存完好，酥烂脱骨而不失其形"。鳗鱼适宜于清蒸、清炖、红烧等多种烹调模式，可以加工成段，亦可制成泥蓉做成丸子或者馅心。鳗鱼可制成多种口味，如咸鲜、酸甜、麻辣、香甜等，营养丰富，色香味俱全。此外，鳗鱼可加工制成多种菜肴，如蒲烧鳗鱼、鳗鱼饭、葱烧通心鳗、清炖鳗鱼等，不胜枚举。

1. 原料选用　　2. 鳗鱼烫杀、去骨　3. 鳗鱼剞刀
4. 鳗鱼腌制　　5. 鳗鱼滑油　　6. 藕片油炸
7. 金沙制熟　　8. 面糊网络　　9. 黑醋胶囊
10. 山楂酱熬制　11. 淋汁、装盘

任务实施

选料

活鳗鱼	1 条	藕	50 克	色拉油	1000 克
山楂酱	200 克	白芝麻	25 克	大麦若叶粉	25 克
百香果	100 克	枇果	50 克	中筋粉	25 克
黑醋	50 克	猕猴桃	40 克	黄酒	30 克
核桃仁	50 克	干淀粉	250 片	香葱	40 克
杏仁	50 克	精盐	1.5 克	清水	1000 克
海藻酸钠	3 克	绵白糖	125 克		
柠檬酸钠	1.5 克	味精	1 克		

制作方法

① 将活鳗鱼烫杀，剖腹去内脏，洗净，从鳗鱼的腹部入刀，将鳗鱼去头去骨。

② 鳗鱼肉平放在砧板上，然后在肉上先直剞，刀距在 0.4 厘米左右，然后再交叉直剞，刀距在 0.4 厘米左右，深至鱼皮，刀纹成正方形，再改刀成大小一样的三角形。

③ 用黄酒、精盐、味精、生姜、葱白段腌制改刀后的鳗鱼片，拍上干淀粉，炒锅置旺火上烧热，舀入色拉油烧至四成到五成热，将腌制后的鳗鱼放入热油中炸成球形。

④ 碗中加入 80 克清水、30 克色拉油、10 克中筋粉和少许的大麦若叶粉调匀，不粘锅烧热后倒入面粉糊，待水分挥发后成为网络状结构。

⑤ 藕切成薄片后改刀成花朵状，舀入色拉油烧至 3 成热后，将藕片炸至金黄色捞出；将杏仁、核桃仁、白芝麻混匀切碎炒熟成金沙；枇杷、猕猴桃用勺子挖出圆球备用。

⑥ 容器中加入黑醋、海藻酸钠和柠檬酸钠用高速搅拌机搅拌均匀，静置片刻，待气泡消去后装入挤壶中。

⑦ 另取一个容器加入水和钙盐搅拌均匀，挤注成黑醋胶囊，山楂焯水去核，与百香果一同放入破壁机中打碎，将混合液倒入锅中后加糖熬至浓稠。

⑧ 将熬好的山楂酱淋在鳗鱼球上，装盘点缀。

制作关键

本菜肴的制作对刀工要求较高，常用于剞刀的原料一般有整形的鱼、方块肉、畜类的肚子、禽类的肫、鱿鱼、鲍鱼等，有时候豆腐也可用于剞刀。剞刀时刀距要保持一致，且剞至鱼皮而不破鱼皮。

油炸时的温度要控制好，且油炸鳗鱼的时间不宜过长，防止炸焦炸糊，影响鳗鱼外酥里嫩的口感。

营养分析

能量（kcal）	4709.8
蛋白质（g）	169.1
脂肪（g）	233.4
糖类（g）	494.2
钙（mg）	670.0
磷（mg）	2329.4

鳗鱼肉含有丰富的优质蛋白和各种人体必需氨基酸，富含钙、磷、铁及多种维生素。鳗鱼中的脂肪酸以不饱和脂肪酸为主，多不饱和脂肪酸／饱和脂肪酸比率高，具有降低血脂、抗动脉硬化的功效。中医认为鳗鱼具有补阴虚、祛风湿的作用。山楂酱具有生津开胃的功效。

任务总结

通过果香鳗球的制作，掌握如何通过剞刀、拍粉、油炸、勾芡及摆盘来体现热菜的基本特征。鳗鱼不仅肉质肥美，而且营养丰富。通过营养分析，学生加大对鳗鱼的营养价值的认识。如何运用剞刀、油炸技法体现鳗鱼球的特征造型，是本任务学习的重点，需要学生在训练中揣摩，并能做到举一反三。

专家点评

果香鳗球将鳗鱼剞刀腌制后油炸，鳗鱼能够形成外酥脆内软嫩的口感，配以山楂百香果酱汁，口味酸甜。本道菜肴以黑醋胶囊作为点缀，融入分子美食技术，将传统制法与现代制法相结合，丰富了菜肴的口感和风味，使菜品整体得到了升华。

任务七

秋 的 遐 想

任务目标

1. 了解秋的遐想的原料知识及其制作的相关知识。

2. 熟知秋的遐想的设计要求及其制作的主要工作过程。

3. 掌握秋的遐想的制作方法、操作规范和操作关键。

4. 独立完成秋的遐想的制作任务。

点心的搭配艺术

秋的遐想这道点心，要体现出秋天的味道，需要把秋天独有的元素放在一个盘子里，立马能给人关于秋天的想象。选材时，考虑了板栗、银杏、桂花等元素，如何将这些元素搭配起来，给人耳目一新的感觉，需要在造型、口味上下功夫。这道点心的亮点在于，每样元素做得都栩栩如生。尤其是毛栗子，像是成熟后掉落在地上，自然炸开，露出了两三颗板栗。地上铺满了银杏叶，夹杂着一两颗白果，秋天的韵味跃然纸上。偶尔一两片绿色的银杏叶还会让人惊奇，金秋时节，怎么还会有绿色的银杏叶呢？这些是带给食客的思考，也是在制作过程中，需要着重表现的地方。将食物做得逼真，吃起来却是另一番口感，这样就给食客留下了深刻的印象，纵使时光再久远，也不能磨灭这种感觉。

风物特产

【栗子】栗子，又称板栗，素有"干果之王"的美誉。果实呈紫褐色，被黄褐色茸毛。优质栗子的外壳呈鲜红、褐、紫、赭等色，带有自然光泽，用手捏时颗粒坚实，果肉较丰满，果仁淡黄结实，肉质细，水分少，甜度高，糯质足，香味浓。栗子富含淀粉，能为人体供给较多的热能，还含有丰富的维生素C，能够维持牙齿、骨骼、血管的正常功能。板栗是我国栽培最早的果树之一，《诗经》有"树之榛栗"的记载。唐代诗人杜甫有"山家蒸栗暖"的诗句。苏州太湖洞庭山产栗子，品质优良，苏州名菜栗子黄焖鸡久负盛名。栗子可生食，也可用烧、炒、煮等烹饪方法，制成栗子鸡、糖炒栗子、栗子粥等。还可以与各种粮食混合制成糕点，磨成栗子粉，做成糕饼馅。

1. 栗子原料图 2. 煮板栗 3. 包入馅心 4. 裹上巧克力
5. 调制面团 6. 剪出细丝 7. 板栗上贴细丝 8. 炸制
9. 四色银杏叶原料 10. 添加姜黄粉 11. 擀制薄片 12. 刻出形状
13. 调制象形白果面团 14. 整形 15. 成品图

任务实施

选料

①毛栗子			②四色银杏叶			③象形白果粒	
新鲜去壳栗子	175 克		白黄油	11 克		中筋粉	75 克
葡萄糖浆	20 克		生白果粉	12 克		牛奶	38 克
黄油	10 克		低筋粉	7 克		淀粉	10 克
巧克力	65 克		糖粉	5 克		生白果	10 颗
可可脂	15 克		精盐	0.15 克		干桂花	2.5 克
中筋粉	150 克		蛋清	18 克		绵白糖	50 克
清水	65 克		抹茶粉	0.75 克		清水	50 克
抹茶粉	75 克		姜黄粉	0.75 克		④桂花红茶	
色拉油	1 桶		可可粉	0.75 克		红茶	3.5 包
糖桂花馅心	50 克					绵白糖	30 克
						清水	900 毫升
						干桂花	1 克

制作方法

（1）栗子壳。

① 将抹茶粉、清水、黄油、中筋粉揉成团，用压面机压成薄片，用剪刀剪出 2 厘米长细丝状，包在生板栗外侧，用蛋清粘牢。

② 将油温升至七成热，炸制成熟后，将生板栗取出。

（2）巧克力栗子。

① 将新鲜去壳栗子煮熟，用打碎机打碎，加入葡萄糖浆炒干后揉团、摘剂，凹成团后包入糖桂花馅心，将成品塞入空栗子壳，定型后取出。

② 巧克力、可可脂隔水融化，淋在栗子蓉表面即可。

（3）四色银杏叶。

① 将白黄油融化，加入蛋清搅打均匀，再加入生白果粉、低筋粉、糖粉、精盐混合均匀，分成四份，其中三份分别添加抹茶粉、姜黄粉、可可粉，揉成团。

② 将粉团铺在油纸上，覆盖一层油纸，进行擀制，厚度在 1 毫米左右，放入烤箱中烤成半干状态后取出，用银杏叶模具刻出形状，继续放入上下火 160℃的烤箱烤熟即可。

（4）象形白果粒。

① 将干桂花、绵白糖加水煮成糖桂花。

② 将生白果去壳取出果肉，加水煮熟，果肉一切为二，中间填入糖桂花，合上。

③ 将淀粉、中筋粉、牛奶拌匀揉成团，擀成薄皮，包入白果，整成白果形状，上下火 150℃烘烤成熟。

（5）桂花红茶。

将清水烧开，冲入红茶茶包中，加入绵白糖搅匀，倒入杯中，撒上干桂花即可。

营养分析

能量（kcal）	2791.8
蛋白质（g）	56.8
脂肪（g）	98.4
糖类（g）	436.7
维生素 C（mg）	34.0

制作关键

在制作过程中，要把栗子的外壳特点，如刺多、细、长、硬，展示出来。此外，白果馅心要软糯，在烘烤过程中，保持象形白果的外壳不破损，不胀大，形态完好。

栗子的淀粉含量很高，鲜栗子所含的维生素 C 比西红柿更多。栗子还含有蛋白质、脂肪、B 族维生素等多种营养素。栗子能防治高血压、冠心病、动脉硬化等疾病，具有养胃健脾、补肾强筋的作用，适用于脾胃虚弱、体虚腰酸腿软者。由于栗子所含糖类较多，糖尿病人应少食。

任务总结

秋的遐想，很好地展示了秋天的韵味。通过把秋天的毛栗子、银杏叶、白果、桂花等元素展示在盘子中，给食客留下了深刻的印象。如何做得象形，还要保证口味，学生在制作中，需要细心揣摩，反复练习。

专家点评

近些年来，象形点心比较多见，但能有如此逼真传神效果的不常见到。毛茸茸的栗子壳香酥可口，薄如纸片的银杏叶透着白果的甘甜，点睛之笔是搭配了一杯桂花红茶，将各种味道归为醇香。

任务八

八宝菜饭

任务目标

1. 了解"太湖水八仙"的相关知识及八宝菜饭制作的相关知识。

2. 熟知八宝菜饭的设计要求及其制作的主要工作过程。

3. 掌握八宝菜饭的制作要求、操作规范和操作关键。

4. 独立完成八宝菜饭的制作任务。

"太湖水八仙"

苏州地区流传着这样一段话："春季荸荠夏时藕，秋末茨菰冬芹菜，三到十月茭白鲜，水生四季有蔬菜。"

它描绘了江南地区一年四季水生蔬菜不断、物产丰饶的景象，也从侧面体现出人民群众生活殷实满足，而里面提及的荸荠、藕、茨菰、芹菜几种蔬菜则是著名的"太湖水八仙"的其中四种。传说在江南一带有一条邪恶的蛟龙一直为非作歹，恰逢何仙姑、铁拐李等大仙下凡游历至此，见此情形，几位大仙便合力制服了那条蛟龙，临走之际留下了自己的法器，从此以后江南地区风调雨顺，出产丰富，人们也过上了幸福安康的日子。而出现在人们餐桌上的"水八仙"正是由那八件法器变来的食物。人们常说的"水八仙"具体是指：鸡头米、莼菜、菱角、莲藕、茭白、茨菰、荸荠、水芹这八种生长在水里的传统食物，尤以生长在太湖著名，所以也常称为"太湖水八仙"。

【菱角】菱角，又称为龙角、水栗。江苏栽菱已有一千多年的历史，早在梁武帝时期已经十分普遍了。"江南稚女珠腕绳。金翠摇首红颜兴。桂棹容与歌采菱"就是写照。晚唐诗人杜荀鹤《送人游吴》写道："夜市卖菱藕，春船载绮罗。"由此看来，当时种菱也是农家人的一个副业。唐代著名诗人白居易也有诗赞扬农人采菱的风景："菱池如镜净无波，白点花稀青角多。时唱一声新水调，谩人道是采菱歌。"

南宋已经出现以种菱为生的农户人，菱角种植已成为一个产业。如今，菱角是一个十分成熟的产业，在民众生活中有举足轻重的地位。菱角的种类有很多，分为野菱和家菱。按角的数量多少，分为四角菱、两角菱和无角菱；按色泽不同，分为青菱、红菱、小白菱和紫菱；以形态不同，可分为馄饨菱、元宝菱。早在唐代，苏州折腰菱作为贡品西去长安，到了宋代则是馄饨菱最为甘香。当下，苏州菱角主要有：产于苏州城内南园和葑门外的水红菱，原产杭州和苏州的馄饨菱，产于吴江、苏州黄埭和斜塘一带的小白菱，原产吴县的大青菱，以及原产吴江的八坼、平望和盛泽等处的圆角菱，品种繁多，闻名全国。

任务实施

选料

青菜	280	克
茨菰	100	克
莲藕	200	克
水芹	150	克
咸肉	90	克
鸡头米	110	克
荸荠	25	克
菱角	15	克
松子	8	克
大米	500	克
清水	625	克
生抽	2.5	克
精盐	5	克
白砂糖	2.5	克
猪油	10	克
色拉油	10	克
香葱	10	克

营养分析

能量（kcal）	2805.9
蛋白质（g）	97.7
脂肪（g）	67.9
糖类（g）	462.4
膳食纤维（g）	11.4
维生素 B_1（mg）	2.3
维生素 C（mg）	175.4
钾（mg）	2481.8

1. 选用原料
2. 刀工处理
3. 原料焯水
4. 松子滑油
5. 原料炒制
6. 拌匀装盘装饰

制作方法

① 大米中加入水煮制，成熟后备用，茨菰、水芹、菱角、马蹄、鸡头米在水中焯熟，前四种原料加工成与鸡头米相似大小的粒，备用。

② 莲藕入锅炸至金黄，咸肉加葱段炒至焦香，青菜加精盐入锅炒至断生，松子滑油。

③ 在锅中加入色拉油，倒入生抽、精盐、白砂糖、味精拌匀，加入所有小料（青菜、藕、水芹除外），加入米饭翻炒，加精盐调味，最后加入藕和青菜，拌入猪油后盛出装盘，松子、水芹装饰即可。

制作关键

在制作八宝菜饭时，要保证各小料的大小均一，并且与鸡头米大小相似；青菜与藕不宜过早加入其中，否则会出现糊烂的状况。

本道八宝菜饭原料种类多，营养丰富。菱角含有丰富的蛋白质、碳水化合物和多种维生素，以及磷、钾等矿物质。菱角熟食有健脾益气的功效。大米含有丰富的碳水化合物和B族维生素。青菜富含胡萝卜素、维生素C、钾和膳食纤维等营养成分，其中膳食纤维具有促进肠道蠕动的作用。莲藕含有丰富的维生素C、铁、膳食纤维，还含有淀粉、蛋白质等营养成分，熟食具有益血、止泻、健脾、开胃的功效。

任务总结

　　八宝菜饭，一道十分具有苏州特色的主食，它集合了当下太湖最新鲜的"水八仙"，入口咀嚼感丰富，营养也相当均衡丰富。通过学习、了解"太湖水八仙"，学生应充分了解苏州当地特色物产，关注家乡的饮食文化。通过营养成分分析，学生应了解相关食物的饮食宜忌。通过任务实施，学生应掌握八宝菜饭的原料选择要求、制作关键，并能独立完成菜肴制作。

专家点评

　　菜饭是江南地区家庭里常见的一道美食，勾起了多少人儿时的美味记忆。将一道家常的菜饭与"太湖水八仙"良材相结合，升级提味，丰富了口感与营养，更适合酒店经营。建议最后加入砂锅煲制5分钟，让各种原料的味道融合，提升菜肴整体风味。

冬之梅宴

项目四

雪上枝头岁末近，梅色入宴年味浓。梅英晚松、梅花脯韵、梅花汤饼三款宋代经典美味，梅香氤氲，充满怀旧情愫，呈现江南冬日梅食雅韵；微红如初开牡丹鱼，演绎隋唐苏州「玲珑牡丹鲊」神奇刀工之美。水果拼盘和和美美、冷菜梅韵江南、热菜梅影酱方、点心年年有余，梅景美宴，营造岁末的和合团圆气氛……

宴席赏析

　　梅花，不畏严寒，傲霜绽放，高洁傲骨，是冬日最美丽的花朵。梅开五瓣，象征五福。冬之梅宴以梅花为主题，设计制作多元融合的年夜饭。水果和和美美，"春"字、灯笼盘饰点缀，营造过年的喜庆气氛。冷菜梅韵江南，以组合冷拼方式呈现，低温烹调脆脘鱼、美味羊糕等冬令冷菜，摆放成了江南梅迎新年的梅花图，两道再现宋代林洪《山家清供》梅花经典美食梅英晚菘（梅花斋）、梅花脯韵开胃菜，尽显江南冬日梅食雅韵。

　　苏州糟鱼历史悠久，清代顾禄《桐桥倚棹录》记有参糟鱼、煎糟鱼。籴糟、煎糟是苏州冬令传统糟菜。籴糟，梅花朵朵，煎糟，色黄肉嫩，一菜双吃，突出的是糟香，配兰花笋、迷迭香竹，"岁寒三友"图盘中呈现，食景相融。酱方，苏州冬令名肴，皮色酱红，软糯香肥，咸中带甜，入口即化；菜心、火腿片、煮鸡蛋、黑鱼子点缀衬托，香菇、脆梨做成梅桩、梅花，梅影酱方，梅景美味，形味俱佳。

　　年夜饭，菜名要讲究讨口彩，要吃出过年吉祥喜庆的气氛。热菜八宝祥瑞，在古菜八宝鸭的基础上演变而来，选用乳鸽，整鸽脱骨，酿八宝馅心，寓意发财。热菜节节高升，鳗鱼，剞竹节花刀，红烧，咸中带甜，鱼肉肥美，色泽红亮。芦笋做成竹子，春卷皮刻成竹梯，装盘点缀，祝愿一年更比一年好。热菜五福临门，由苏州传统名菜"五件子"改良而成，突出诸料合鲜，咸鸡、蹄髈、鸭肉、蛋卷、冬笋做成铜钱状造型，贴有"福"字的砂锅，送上新年祝福。热菜吉祥如意是一道过年的如意蔬菜，豆芽、韭黄炒后卷曲状如意，称如意菜，是过年的必备菜肴。苏州年夜饭的饭中要放黄豆和荸荠，黄豆寓意连中三元，荸荠形同元宝，再配上炒青菜，苏州人称安禄菜，寓意平安快乐，财源滚滚，丰衣足食，恭喜发财。年糕和整鱼是苏州人年夜饭餐桌上必备的菜点，点心年年有余，年糕、金鱼造型，西点口味，是西式风味的中式呈现。

　　"万花敢向雪中出，一树独先天下春。"梅花，是历代文人墨客笔下歌咏的对象。鸡汤梅花馄饨配荠菜猪肉春卷点心，以宋代林洪《山家清供》中的梅花汤饼为版本创制，是一道古今融合的美点，把冬之梅宴推向了高潮。餐食梅花始自宋代，源自宋人对梅的情有独钟。林洪用文人的诗意遐想，通过模具做成了梅花形状的馄饨，放入鸡汤中餐食，做成了令人向往的美点。冬之梅宴的梅花汤饼，在面粉中掺入糯米粉、淀粉，增强了馄饨皮的通透感，将面团擀薄，用圈模压成薄皮，包入猪肉酱，捏合，下锅煮制成熟后捞出，放入汤碗中，鼓起的肉馅似欲开梅蕊，白里透红，若隐若现，梅花水浸润的馄饨皮玉润飘逸，暗香宜人。春卷皮摊开，加入荠菜虾仁馅，表面裹上白芝麻，制成笔杆状的荠菜猪肉春卷，透出浓浓的江南文人气息。一款穿越千年的梅花汤饼穿上"时装"惊艳亮相，江南"梅景"跃然盘中，诗意盎然。

项目目标

1. 熟知冬之梅宴菜单设计、原料采购、菜品制作、保管等工作过程知识。
2. 掌握冬之梅宴菜品的设计方法及其制作的相关知识。
3. 掌握冬之梅宴宴席生产规范与工艺要求。
4. 合作完成冬之梅宴设计制作的一般岗位工作任务。

菜单设计

雪上枝头岁末近，梅色入宴年味浓。梅给冬日带来暖意，也为一年奔波的人们发出团聚的信号。"遥知不是雪，为有暗香来。"梅英晚菘、梅花脯韵、梅花汤饼三款宋代经典美味，梅香氤氲，充满怀旧情愫，呈现江南冬日梅食雅韵；微红如初开牡丹鱼，演绎隋唐苏州"玲珑牡丹鲊"神奇刀工之美。水果拼盘和和美美、冷菜梅韵江南、热菜梅影酱方、点心年年有余，梅景美宴，营造岁末的和合团圆气氛……

菜　单

水　果

和和美美（水果拼盘配四干果）

冷　菜

梅韵江南（各客冷拼配梅英晚菘、梅花脯韵开胃菜）

热　菜

岁寒三友（糟鱼双味配梅花虾鲜）

八宝祥瑞（脆皮八宝乳鸽配蒜蓉面包屑）

节节高升（竹节红烧鳗筒配鸡汁芦笋）

梅影酱方（苏式酱方配梅桩香菇）

五福临门（五件子合方配菜心）

吉祥如意（黄豆芽、芹菜双味蔬菜）

点　心

梅花汤饼（鸡汤梅花馄饨配荠菜猪肉春卷）

松鼠戏果（松鼠船点配松果油酥）

年年有余（翻糖双鱼配西味年糕）

主　食

恭喜发财（菜心元宝饭）

和和美美

任务目标

1. 了解和和美美的原料知识及其制作的相关知识。

2. 熟知和和美美的设计方法及其制作的主要工作过程。

3. 掌握制作和和美美的制作方法、操作规范和操作关键。

4. 独立完成和和美美的制作任务。

文化导读

宴席主题设计

从古至今，吃是人类生存最基本的方式之一。古有名言"民以食为天"，足以见"吃"在人们心目中的地位。中国宴席的历史文化悠久留长，宴席文化更是独树一帜，宴席起源于原始聚餐和祭祀等活动。随着时间的洗礼，人们对宴席的要求也越来越高，已经不是为了简单的吃而准备的一桌饭菜了。

苏州好，载酒卷艄船。几上博山香篆细，筵前冰碗五侯鲜，稳坐到山前。

——沈朝初《忆江南》

清人沈朝初的《忆江南》体现了江南船宴的特色。宴席的主题特色充分体现出了各地的饮食习惯和特点，常常与本地的地域文化、历史发展、民间食俗、食物原料、食物制作等相关。通过宴会主题设计体现宴席的菜肴风格和装饰艺术，以及相关的文化氛围，品评宴席的宾客获得独有、特定的文化感受，同时将整个宴席的服务过程融入主题，彰显个性化的服务，宾客在享受美味的同时体验宴席文化。

【龙眼】龙眼，又名桂圆、益智、荔枝奴等，为无患子科龙眼属植物龙眼的假种皮，7～10月果实成熟时采摘。分布于广西、福建、广东、台湾、四川等地。外皮黄褐色，粗糙，假种皮白色肉质，半透明，内有黑褐色种子1颗。质柔润，有黏性，气微香，味甚甜。而龙眼入菜也有上百年的历史了，适宜炒、炸、酿、炖等多种烹调方法。《随息居饮食谱》记载："（龙眼）果中圣品，老弱宜之。"自古以来，龙眼就被视为滋补佳品，其营养价值非一般水果可比，是珍贵的滋养强化剂。龙眼含有多量维生素、矿物质和果糖等对人体有益的营养成分。龙眼可鲜食，肉质鲜嫩，色泽晶莹，鲜美爽口。鲜果有开胃健脾、补益安神的功效。龙眼含有糖、蛋白质和多种维生素等营养成分，尤其是糖分的含量很高，还含有机酸和腺嘌呤。

风物特产

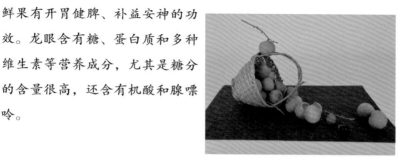

制作方法

① 先将水果都洗净，桑葚、草莓用淡盐水浸泡一下，再用纯净水洗净沥干水分。

② 将西瓜取八分之一，一头切去5厘米，取下果肉，留下果皮，将果肉斜切待用。

③ 瓜皮去除多余的果肉，留合适的厚度，用刀平批白色果肉与果皮，厚度平均，在三角形的果皮中间切二分之一，画需要的花纹，画好后在冰水中略微浸泡一下，用牙签固定造型放在盘中间待用。

④ 将蜜瓜取八分之一，斜切备用。

⑤ 姬娜果、进口橙切小块，果皮不切断平刀拉片造型，龙眼去壳备用。

⑥ 猕猴桃在中间切"V"字形刀，取下改刀，火龙果切成三角形后再切片备用；

⑦ 在西瓜皮花边上摆上火龙果、猕猴桃，再将切好的西瓜、蜜瓜、姬娜果、甜橙沿外圈摆放，撒上草莓、龙眼、桑葚、车厘子、蓝莓。

⑧ 在西瓜皮花上点缀红色剪纸。

任务实施

选料

西瓜	250 克
蜜瓜	150 克
火龙果	100 克
姬娜果	60 克
甜橙	100 克
车厘子	20 克
龙眼	20 克
桑葚	5 克
蓝莓	5 片
草莓	20 克
绿猕猴桃	40 克

营养分析

能量（kcal）	203.6
蛋白质（g）	3.6
脂肪（g）	0.9
糖类（g）	49.5
维生素 A（μg）	303.4
维生素 C（mg）	84.8

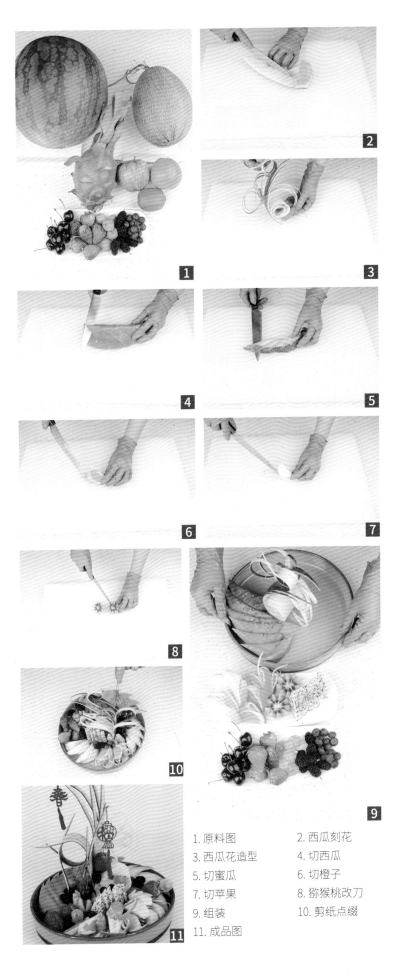

1. 原料图　　　　　　2. 西瓜刻花
3. 西瓜花造型　　　　4. 切西瓜
5. 切蜜瓜　　　　　　6. 切橙子
7. 切苹果　　　　　　8. 猕猴桃改刀
9. 组装　　　　　　　10. 剪纸点缀
11. 成品图

> **制作关键**
>
> 在整个果盘的切配上运用不同的刀工处理，根据不同水果的搭配进行改刀切配，应注意不同水果切配的厚度、大小、整体比例。在整个装盘的过程中注意整体构图比例和颜色搭配。

龙眼含有糖类、蛋白质、维生素C及矿物质等营养成分，具有滋补强体、补心安神的作用。西瓜含有大量葡萄糖、果糖、蔗糖、苹果酸及维生素C等成分，具有清热解暑、生津止渴、利尿除烦的功效，糖尿病患者应慎食西瓜。蜜瓜富含糖类、膳食纤维、苹果酸、果胶、维生素A、维生素C等营养成分，所含的维生素A有助于维持皮肤健康。蜜瓜具有除烦热、止渴、利便的作用。

任务总结

和和美美作为梅景宴的首碟总份水果，烘托宴会气氛。整个作品的设计采用了天圆地方的理念，圆形的盘子，配合四种主体水果，围绕着西瓜皮造型的节节高升，辅以龙眼、草莓、桑葚、蓝莓，点缀年画剪纸，使其达到过年节日喜庆愉悦的氛围。通过制作和和美美，学生学习、了解水果拼盘的搭配、刀工处理、摆放、点缀。通过营养成分分析，学生应了解相关食物的饮食宜忌。经过理念设计和制作，学生能够灵活运用鲜果和甘果。

专家点评

这道水果拼盘与宴席主题特别贴切，平底高边的蓝色圆盘将多种水果囊括其中，透出圆满的寓意，得当的果皮雕刻造型增强了层次与立体感，色彩的对比也恰到好处地衬托出水果暖色调，整体效果出色。

任务二

梅 韵 江 南

1. 了解各客冷拼设计的相关知识及梅韵江南制作的相关知识。
2. 熟知梅韵江南的设计要求及其制作的主要工作过程。
3. 掌握梅韵江南的制作方法、操作规范和操作关键。
4. 独立完成梅韵江南的制作任务。

各客冷拼设计

在进行设计宴席、制作菜肴时，冷菜是一项需要着重探索制作的内容，做得好则对于整桌菜肴有画龙点睛之作用，因此，从某种意义上说，冷菜的好坏决定着宴席的成败。而在冷菜制作中，各客冷拼的设计与制作是一项难点。

各客冷拼的设计讲究选料，宜选用应季新鲜食材，荤素搭配，营养均衡。刀工是冷拼设计制作的一大亮点，精湛的刀工不仅可以使食材更加入味，而且整齐排列，能把美轮美奂的美景盛宴呈现得淋漓尽致。合理的颜色搭配能为冷菜加分，用冷暖对比、明暗对比、纯色对比等原则，赋予局部不同颜色，或将不同色调原料合理布局，可以达到事半功倍的效果。布局在设计中同样不可忽略，主次要明确，切忌喧宾夺主，主次不分，掌握对角线、三分线等布局黄金线。文化因素是设计的重要因素，有一道意境菜借用了柳宗元那首《江雪》："千山鸟飞绝，万径人踪灭。孤舟蓑笠翁，独钓寒江雪。"各客冷拼也如此，做到一菜一景、一诗一境，那样的各客冷拼才有了一定的意境。

风
物
特
产

　　【湖羊】湖羊，是我国一级保护绵羊品种，具有繁殖能力强、易饲养、产肉多和肉质好等特点。湖羊是我国沿海亚热带地区特有的、世界著名的绵羊品种，目前主要分布在太湖流域地区的浙江、江苏、上海等地。湖羊原来叫胡羊，是源自北方的蒙古羊，距今已有1000多年的历史。据记载，宋朝南迁临安时，一大批黄河流域的居民随迁至此，同时把原本饲养在河北、山东、河南的"大白羊"带到了太湖流域地区。湖羊最先分布在浙江西北的安吉、长兴等地，后来逐渐从山区向平原转移，由散养到舍饲，经过长期的驯化和选种，逐渐形成了目前的湖羊品种。湖羊肉以质细嫩鲜美，无膻味，脂肪少，营养丰富，深受人们的喜爱。苏州藏书羊肉，取材就是湖羊，烧好的羊肉口感肥嫩味美。

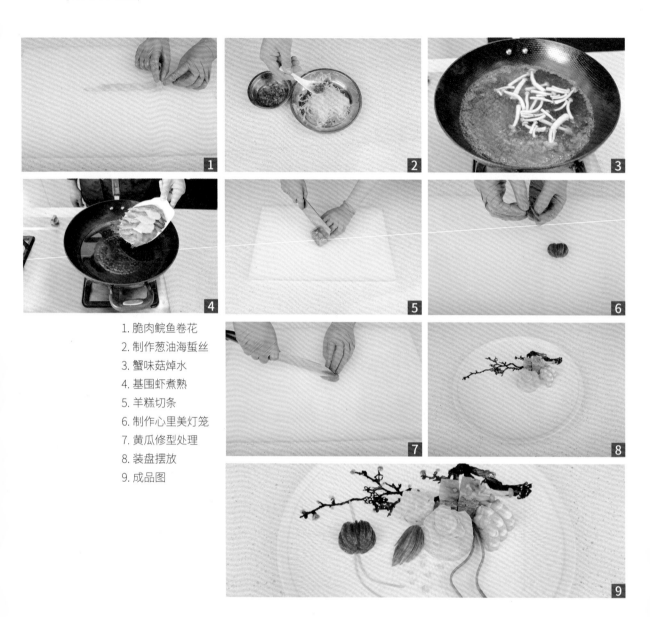

1. 脆肉鲩鱼卷花
2. 制作葱油海蜇丝
3. 蟹味菇焯水
4. 基围虾煮熟
5. 羊糕切条
6. 制作心里美灯笼
7. 黄瓜修型处理
8. 装盘摆放
9. 成品图

营养分析

能量（kcal）	1690.5
蛋白质（g）	124.8
脂肪（g）	51.3
糖类（g）	190.6
钙（mg）	672.8
磷（mg）	366.1
烟酸（mg）	14.5

制作关键

　　脆肉鲩鱼原产于广东省中山市珠江水库，是运用活水密集养殖法养育成的名特水产品，因其肉质结实、清爽、脆口而得名。脆肉鲩鱼的切制要求比较高，鱼片要尽可能薄，而且厚薄要均匀，否则卷制较为困难。作为冷菜，梅韵江南的调味要特别注意，掌握用盐量，以清淡为主。

任务实施

选料

脆肉鲩鱼肉	200 克
蟹味菇	200 克
基围虾	600 克
羊糕	200 克
心里美	150 克
山楂片	150 克
荷兰黄瓜	200 克
白萝卜	350 克
海蜇皮	100 克
精盐	15 克
白砂糖	5 克
味精	2 克
葱油	10 克
香葱	5 克
生姜	10 克

制作方法

① 蟹味菇焯水，捞出加入精盐 3 克、味精 1 克调味；起锅烧水，加入香葱、生姜、精盐 5 克，将基围虾煮熟捞出去壳备用，羊糕切条备用。

② 脆肉鲩鱼肉去皮、红肉，修成半圆切薄片，排列卷起，摆成花的形状，备用；荷兰黄瓜切薄片与叶子型做装饰备用。

③ 心里美用圆形模具刻出，对切成半圆夹刀片，中间夹山楂片，摆成灯笼型。

④ 白萝卜加入精盐 5 克腌制，海蜇皮切丝泡水去除多余盐分，两者挤干水分，放置一起加入白砂糖、葱油、味精 1 克、精盐 2 克，装饰装盘即可。

饮食建议

　　梅韵江南冷菜用料丰富，其中湖羊含有丰富的蛋白质，氨基酸种类齐全，还含有 B 族维生素、锌、钾、磷等营养素，寒冬食用羊肉可益气补虚，增强御寒能力。羊肉属大热之品，有发热、牙痛、口舌生疮等症状者不宜食用。脆肉鲩富含蛋白质和钙。虾是一种高蛋白、低脂肪的食品，此外还含有丰富的钙、磷、碘等矿物质成分，且肉质松软易消化，有补肾壮阳、养血固精、强身延寿等功效，尤为适合中老年人、肾虚阳痿、脾胃虚弱者食用。

任务总结

　　梅韵江南，一道艺术韵味十足的冷菜，它荤素搭配，营养均衡，以极富艺术性的摆盘、装盘方式呈现在大家面前，精美之至让人不忍下口。通过学习、了解各客冷拼设计，学生应充分了解各客冷拼的制作要领。通过营养成分分析，学生应了解相关食物的饮食宜忌。通过任务实施，学生应掌握梅韵江南的原料选择要求、制作关键，做到举一反三，并能完成其他冷菜菜肴的制作。

专家点评

　　这是一道各客冷菜。菜如其名，展现了一幅蕴含年味的江南梅景图。原料丰富，口味各异，特别是脆肉鲩鱼和羊羔的组合，是鱼羊鲜的另一种演绎。建议增加调味碟，以丰富口味，又不破坏冷菜的造型。

任务三

岁　寒　三　友

1. 了解岁寒三友的原料知识及其制作的相关知识。

2. 熟知岁寒三友的设计要求及其制作的主要工作过程。

3. 掌握岁寒三友的制作方法、操作规范和操作关键。

4. 独立完成岁寒三友的制作任务。

文化导读

岁寒三友的由来

万松岭上松，鼓荡天风，震动昆仑第一峰。千军万马波涛怒；海出山中。竹绿梅花红，转战西东，争取最后五分钟，百草千花休闲笑，且待三冬。

——陶行知《岁寒三友》

经乌台诗案，苏东坡谪居黄州，故人马正卿心中不忍，便向黄州太守徐君猷求得杂草、瓦砾遍地的故营地数十亩，让苏轼躬耕其中。黄州是苏东坡思想升华的重要发源地，受儒家与佛道思想的影响，苏东坡心态也更积极向上，给后人留下了众多广为流传的千古绝唱。一年春天，徐太守来雪堂看望苏东坡，打趣道："漫天飞雪，人迹罕至，冷清觉否？"苏东坡指着院内的草木说道："风泉两部乐，松竹三益友。"松、竹、梅岁寒三友，文人墨客吟咏不绝，常青不老的松、君子之道的竹、冰清玉洁的梅，寒冬腊月仍能常青，经冬不凋，顽强的生命力体现了傲霜斗雪、铁骨冰心的高尚品格。

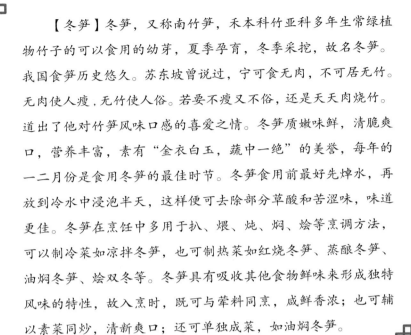

【冬笋】冬笋，又称南竹笋，禾本科竹亚科多年生常绿植物竹子的可以食用的幼芽，夏季孕育，冬季采挖，故名冬笋。我国食笋历史悠久。苏东坡曾说过，宁可食无肉，不可居无竹。无肉使人瘦，无竹使人俗。若要不瘦又不俗，还是天天肉烧竹。道出了他对竹笋风味口感的喜爱之情。冬笋质嫩味鲜，清脆爽口，营养丰富，素有"金衣白玉，蔬中一绝"的美誉，每年的一二月份是食用冬笋的最佳时节。冬笋食用前最好先焯水，再放到冷水中浸泡半天，这样便可去除部分草酸和苦涩味，味道更佳。冬笋在烹饪中多用于扒、煨、炖、焖、烩等烹调方法，可以制冷菜如凉拌冬笋，也可制热菜如红烧冬笋、蒸酿冬笋、油焖冬笋、烩双冬等。冬笋具有吸收其他食物鲜味来形成独特风味的特性，故入烹时，既可与荤料同烹，咸鲜香浓；也可辅以素菜同炒，清新爽口；还可单独成菜，如油焖冬笋。

制作方法

① 鳜鱼分档取料，鱼肉用糟汁腌制 12 小时，切成米粒大小的碎，加入葱末和姜末，胡椒粉、鸡蛋、精盐、味精、白砂糖、黄酒和全蛋调味。

② 平底锅内加入少许色拉油加热，将调好味的鱼茸摊平成正方形放入锅中煎至两面金黄，改刀成边长 3 厘米大小一致的正方形小块。

③ 锅中加入香葱、生姜、蒜、生抽、老抽、红烧汁、糟汁、白砂糖、味精、白胡椒粉，放入鱼饼将汤汁烧至浓稠。

④ 冬笋焯水后改刀成 3 厘米大小的正方形小块，锅中加入老抽、生抽、葱末、姜末、蒜米、糟汁调味。

⑤ 鸡爪、火腿、猪蹄、干贝、老母鸡、里脊肉、葱白和生姜入锅焯水，捞出放入蒸箱，加入葱白、生姜片蒸制 5 小时，熬制高汤。

⑥ 虾仁拍成虾茸，加入精盐、味精、黄酒、蛋清搅拌上劲，加入淀粉，用裱花袋挤出梅花形状，火腿切成细丝用作花心，焯水成熟。葱、姜、蒜放入油中熬香，熬好后用搅拌机打碎。

⑦ 冬笋焯水后，蓑衣花刀切成松针状，泡入葱姜汁，迷迭香油炸，调味后的鱼饼放在笋块上方，高汤倒入梅花虾茸中，装盘点缀。

任务实施

选料

鳜鱼	2 条
虾仁	500 克
冬笋	1000 克
迷迭香	35 克
鸡蛋	1 只
老母鸡（吊汤用）	1 只
猪脚（吊汤用）	2 只
鸡爪（吊汤用）	750 克
火腿（吊汤用）	250 克
干贝（吊汤用）	50 克
糟汁	50 克
色拉油	150 克
精盐	2.5 克
白砂糖	50 克
味精	1.5 克
香葱	15 克
生姜	15 克
白胡椒粉	1 克
黄酒	25 克
里脊肉（吊汤用）	1000 克
蒜	100 克
生抽	30 克
老抽	20 克
红烧汁	20 克

1. 原料选用　　2. 分档取料　　3. 鱼茸调味　　4. 鱼饼煎制
5. 鱼饼红烧　　6. 冬笋改刀　　7. 冬笋红烧　　8. 虾茸调味
9. 虾茸裱花　　10. 装盘点缀

营养分析

能量（kcal）	3260.1
蛋白质（g）	439.2
脂肪（g）	135.3
糖类（g）	76.3
膳食纤维（g）	312.0
钙（mg）	1392.3
磷（mg）	5043.1
铁（mg）	22.7

制作关键

鳜鱼分档取料后，需要用糟汁腌制一段时间，便于糟汁渗入鱼肉。冬笋需要焯水，以去除其中大部分草酸，防止影响人体对钙质的吸收。虾仁用刀面拍成虾茸后，搅打上劲，以便成品爽滑，并富有弹性。

饮食建议

鳜鱼热量不高，肉质细嫩易消化，富含蛋白质和烟酸，还含有钙、磷、铁、硒等矿物质，具有较高营养价值。鳜鱼具有补气血、益脾胃的滋补功效，特别适合儿童、老人、脾胃功能不佳者食用。虾富含蛋白质、钙、磷、碘等营养成分。冬笋含有蛋白质、氨基酸、钙、磷等，还富含膳食纤维，能促进肠道蠕动，预防便秘和消化道肿瘤。冬笋具有滋阴凉血、和中润肠、清热化痰的功效，儿童、尿路结石者不宜多食冬笋。

任务总结

岁寒三友以鳜鱼、冬笋和虾茸为主要原料，通过腌渍、茸胶、吊汤及摆盘来体现本道菜肴的基本特征。鳜鱼和虾均为水产原料，营养价值丰富，鳜鱼肉质细腻，糟香四溢，菜品整体色彩协调，咸淡适宜。掌握腌渍处理、茸胶工艺和高汤吊制是本任务学习的重点，需要学生在训练中揣摩，并能做到举一反三。

专家点评

岁寒三友以傲骨迎风、挺霜而立的松、竹、梅为切入点构思整道菜肴。虾茸挤出梅花状，冬笋蓑衣花刀切成松针状以迷迭香相配，烹调后的鱼饼放在笋块上方，"梅花""松针"点缀，将"岁寒三友"完美地融合到菜品的设计中，令食客回味无穷，唇齿留香。

节节高升

1. 了解节节高升的原料知识及其制作的相关知识。

2. 熟知节节高升的设计要求及其制作的主要工作过程。

3. 掌握节节高升的制作方法、操作规范和操作关键。

4. 独立完成节节高升的制作任务。

 文化导读

苏州传统黄焖菜肴

苏州三大经典黄焖菜，即黄焖河鳗、黄焖栗子鸡和黄焖着甲。这三道黄焖菜肴有着共同的特点：一是大锅烹调，小锅复烧上桌；二是均采用传统烹制技法"焖"，成品菜肴色泽黄亮，汤汁浓稠；三是加入少许红曲水，使得黄焖菜肴特色更加明显，口味咸中带甜。苏州松鹤楼的黄焖河鳗闻名遐迩，菜肴色泽酱红，肥嫩细腻。黄焖栗子鸡色泽棕黄，鸡、栗酥香，咸中略带点甜，令人回味无穷。袁枚《随园食单·羽族单》中记有"栗子炒鸡"。着甲是指鲟鱼，已被列为重点保护野生动物，目前，运用于烹饪加工的是人工养殖鲟鱼。苏州传统名菜黄焖着甲，成品菜肴色泽棕黄，鲜腴可口。这三款黄焖菜肴，香而不俗，甜而不腻，具有独特的苏州传统风味特色。

【芦笋】芦笋，又称石刁柏、龙须菜，是天门冬科天门冬属多年生宿根草本植物嫩茎。芦笋起源于欧洲地中海沿岸及小亚细亚半岛一

带，我国东北、华北等地均有野生芦笋。芦笋世界各地均有栽培，20世纪初，中国开始种植。清代潘荣陛《帝京岁时纪胜》中写道："至于小葱炒面条鱼，芦笋脍鲚花，勒鲞和羹，又不必忆莼鲈矣。"将新鲜鳜鱼改刀与芦笋同炒，和当下芦笋炒鱼片做法颇为相似。芦笋质地细嫩，多用于炒、扒、煨、烧、焖等烹调方法，可制成冷菜凉拌芦笋，也可做热菜扒龙须菜，还可以作为荤菜的垫底或围边等。此外，芦笋还可制成罐头或者干制品，能延长一定的储存期限。

风物特产

1. 原料选用　　　　2. 肉馅调味　　　　3. 鳗鱼改刀　　　　4. 鳗鱼包馅
5. 生坯油炸　　　　6. 红烧鳗鱼　　　　7. "梯子"改刀　　　8. 蒜头油炸
9. 芦笋焯水　　　　10. 装盘点缀

制作方法

　　① 生姜切末，香葱切葱花，猪肉馅内加入姜末、葱花、黄酒、生抽 5 克、老抽 3 克、精盐 0.5 克、味精 0.5 克、绵白糖 10 克拌匀调味。

　　② 鳗鱼去头去骨，切竹节花刀（刀距约 0.6 厘米），改刀成 6 到 7 厘米长方形。

　　③ 鳗鱼皮面朝上拍上淀粉，包入调味后的肉馅卷起接口朝下，粘上淀粉，油锅烧至五成热，鳗鱼下锅油炸，炸至金黄捞出滗油。

　　④ 锅中加入少许油，将葱、姜、蒜煸香，加入陈皮继续煸炒，再加入清水、老抽、生抽、黄酒、精盐、味精、绵白糖、桃胶和鳗鱼，红烧至汤汁浓稠即可。

　　⑤ 芦笋焯水过凉，蒜头去皮炸至金黄，生姜切丝下锅炸至成姜松。

　　⑥ 春卷皮改刀成梯子形状，裹上黑、白芝麻和面包糠炸至金黄。

　　⑦ 芦笋垫底，放上红烧后的鳗鱼，淋汁点缀。

任务实施

选料

活鳗鱼	2条 (1800 克)
芦笋	350 克
猪肉馅	250 克
桃胶	250 克
白芝麻	10 克
黑芝麻	10 克
香葱	10 克
生姜	10 克
蒜头	250 克
淀粉	250 克
精盐	1.5 克
绵白糖	50 克
味精	1 克
生抽	15 克
老抽	8 克
黄酒	适量
色拉油	150 克
陈皮	20 克
面包糠	50 克
春卷皮	30 克

营养分析

能量（kcal）	6249.4
蛋白质（g）	328.4
脂肪（g）	345.5
糖类（g）	444.1
钙（mg）	782.7
铁（mg）	34.4
烟酸（mg）	69.2
维生素 C（mg）	157.5

制作关键

鳗鱼剞刀时刀距宽窄、进刀深度、粗细程度都要均匀一致。鳗鱼皮面朝上包入肉馅，油炸定型后进行红烧，红烧过程中不宜翻动，防止成品松散。红烧过程中小火长炖煮，使其中肉馅达到入口即化的状态。

饮 食 建 议

鳗鱼肉含有丰富的优质蛋白和人体必需的各种氨基酸，富含钙、磷、铁及多种维生素。鳗鱼中的脂肪酸以不饱和脂肪酸为主，富含多不饱和脂肪酸 EPA 和 DHA，具有降低血脂、抗动脉硬化的功效。中医认为鳗鱼具有补阴虚、祛风湿的作用。芦笋富含各种维生素和矿物质，以及人体所必需的各种氨基酸，且含量比例适当。芦笋还含有黄酮类、皂苷类等活性成分，经常食用有防癌抗癌、维持心血管健康的作用。

任 务 总 结

通过节节高的制作，掌握如何通过剞刀、拍粉、油炸、红烧及摆盘来体现热菜的基本特征。鳗鱼富含不饱和脂肪酸，肉质肥美，营养丰富。通过营养分析，学生加深对鳗鱼和芦笋的营养价值的认识。如何运用剞刀、高温预熟处理体现鳗鱼卷的特征造型，是本任务学习的重点，需要学生在训练中揣摩，并能做到举一反三。

专 家 点 评

节节高升这道菜肴将肥美的鳗鱼肉改刀后包入猪肉馅，预处理后进行红烧，使得鳗鱼卷富有双重口感。菜肴以芦笋垫底，整体色泽协调，营养丰富。此外，春卷皮改刀作"梯子"，既增加了口感，又寓意登高望远、节节高升。

梅影酱方

1. 了解梅影酱方的原料知识及其制作的相关知识。

2. 熟知梅影酱方的设计要求及其制作的主要工作过程。

3. 掌握梅影酱方的制作方法、操作规范和操作关键。

4. 独立完成梅影酱方的制作任务。

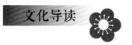

苏式酱方

　　酱方，因成品为四方大块形状，故名。在老饕们看来，苏州人一年四季要吃四块肉，春天吃酱汁肉，夏天吃荷叶粉蒸肉，秋天吃扣肉，冬天吃酱方，这才算得上是美食家。苏州的酱方肉在北宋时期就有"冬有酱方如东坡肉"的美名记载。到了清乾隆年间，酱肉和酱汤制法被苏州厨师张东官带到了御膳房，而他制作的"苏造肉"最具代表。据《燕都小食品杂咏》里所载："苏造肥鲜饱老馋，火烧汤渍肉来嵌。纵然饕餮人称腻，一脔膏油已满衫。"这也是当时对苏式酱方肉最为形象的评价。正因为清宫中的"苏造肉"名声大噪，这一时期在苏州兴起了许多制作"苏造肉"的卤菜店。其中最具代表的有两家，清康熙二年（1663）开张的"陆稿荐"和清光绪八年（1882）起家的"杜三珍"。品尝酱方的最佳时节一般是在每年冬至过后。酱方制作的关键就在于要达到"苏造肉"的十六字标准，即酥烂脱骨，肥而不腻，咸中带甜，入口即化。

　　【青菜】青菜，又称油菜、油白菜等，为十字花科芸薹属一年或二年生草本植物。苏州的青菜终年不断，是不结球白菜家族中的苏州地方品种，其形状独特，株型矮直，叶柄与地面垂直，叶簇紧密，梗青叶绿，束腰，宛如少女细腰，故有"苏州青"之称。尤以霜后的青菜（俗称"小藏菜"）味最佳，软糯香甜并举。"苏州青"隆冬不凋，有松之操，故也称"寒菘"。孙晋灏《盐菜》诗描绘青菜"寒菘秀晚色，油油一畦绿"。青菜是含维生素和矿物质最丰富的蔬菜之一，有助于增强机体免疫能力。青菜中含有大量粗纤维，与脂肪结合，可防止血浆胆固醇的形成，促使胆固醇代谢物——胆酸得以排出体外，以减少动脉粥样硬化的形成，从而保持血管弹性。粗纤维还可促进大肠蠕动，增加大肠内毒素的排出，达到防癌抗癌的目的。青菜烹调，以炒法最佳，旺火速成，青菜翠绿欲滴，香糯可口，维生素损失少。蟹粉菜心、鸡油菜心、南腿菜扇均是苏州的名菜。

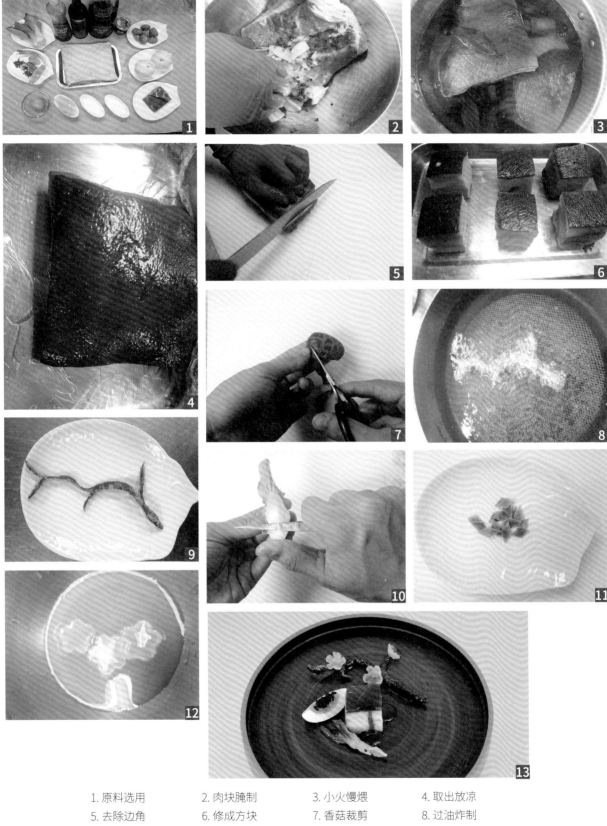

1. 原料选用	2. 肉块腌制	3. 小火慢煨	4. 取出放凉
5. 去除边角	6. 修成方块	7. 香菇裁剪	8. 过油炸制
9. 定型成枝	10. 菜心修整	11. 火腿切片	12. 橙汁梨花
13. 成品造型			

任务实施

选料

醇香酒	500 克	生姜	50 克	脆梨	2 只
带皮五花肉	1000 克	桂皮	10 克	鸡蛋	3 只
白砂糖	100 克	香叶	3 克	黑鱼子	50 克
酱油	20 克	豆蔻	1 克	橙汁	50 克
清水	2000 克	冰糖	100 克		
精盐	30 克	菜心	10 棵		
白酒	50 克	火腿片	20 克		
香葱	50 克	泡发香菇	10 个		

制作方法

①将五花肉提前一天用白酒、精盐、香葱、生姜腌制入味。

②炖锅中加入水、香葱、生姜、五花肉，开大火将五花肉焯去血污备用，另取大锅，将醇香酒、白砂糖、酱油、水、香叶、桂皮、豆蔻、五花肉一同放入锅中烹制。

③大火烧开后，改小火并加盖烹制 3 小时左右至肉皮软烂，将肉取出后，用重物压实，锅中肉汁过滤后备用。

④将五花肉改刀成边长为 3 ~ 4 厘米的正方体。

⑤炒锅中加入肉块和过滤后的肉汁，放入冰糖，先小火烧制 20 分钟左右，再用大火收汁即可。

⑥香菇裁剪后拍粉过油炸制，成树枝形。

⑦菜心、火腿加工成形后焯水备用，将脆梨雕成梅花放入橙汁浸泡入味。

⑧将制备好的香菇、菜心、火腿、脆梨、梅花、黑鱼子放入盘中装饰即可。

营养分析

能量（kcal）	3166.9
蛋白质（g）	158.6
脂肪（g）	264.7
糖类（g）	47.1
维生素 A（μg）	351.8
维生素 B_1（mg）	3.1
磷（mg）	1576.8
铁（mg）	18.5

制作关键

五花肉应选用肥瘦比例恰当的黑毛猪肉或太湖猪肉，烹调前要将猪皮上的毛去除干净。烹制时需要选用大小合适的锅子，确保烹制过程中浓汤满面。为了让大块猪肉能更好地入味，烹制过程中不宜反复加水，且要掌握好烹制时间和火候。烹制好的猪肉要待其凉透后再用重物压实，以防肥瘦分离。第二次烹调前，要将原锅中的肉汁过滤干净后才可继续使用。

饮食建议

　　五花肉富含优质蛋白质、脂肪酸、B族维生素、铁、钙和磷等营养成分，能改善缺铁性贫血，具有补肾养血、滋阴润燥之功效。由于五花肉中胆固醇含量偏高，肥胖人群及血脂较高者不宜多食。青菜富含胡萝卜素、维生素C、钾和膳食纤维等营养成分，其中的膳食纤维具有促进肠道蠕动的作用。青菜还具有行滞活血、消肿解毒的功效。

任务总结

　　检验烹制酱方的火候达标全看成品的四只角，行话称"倒角"，即一块方肉的四只角微微下垂但不塌不陷。酱方在口感上要达到肥肉爽滑不腻，瘦肉香而滋润的标准。通过梅影酱方的制作，学生应掌握酱方的烹调技法，并能熟知相关调味和调色技巧。

专家点评

　　酱方是苏帮菜冬季的肉类菜肴，传统为一大方肉分而食之。这道梅影酱方以各客的形式呈现，小巧的酱方搭配梅花形的脆梨、梅枝香菇，以及黑鱼子和青菜心，弥补了传统酱方配料的单一，色、香、味、形都得到了提升。

任务六
梅花汤饼

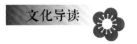

文化导读

梅花汤饼及其传承创新

泉之紫帽山有高人，尝作此供。初浸白梅、檀香末水，和面作馄饨皮，每一叠用五出铁凿如梅花样者，凿取之。候煮熟，乃过于鸡清汁内，每客止二百余花，可想一食亦不忘梅。后留玉堂元刚有和诗："恍如孤山下，飞玉浮西湖。"

——林洪《山家清供·梅花汤饼》

冬季，各处梅花盛开，红的、白的、绿的、黄的，应有尽有，给寒冷的冬季带来了些许暖意。此道点心以林洪《山家清供》中"梅花汤饼"为出典，继承创新，注重色、香、味、形的搭配，外观形似梅花，口味咸鲜。选用蜡梅花浸水6小时，梅花水与粉调制成面团，在面皮间添加蜡梅花瓣，擀薄，使蜡梅花瓣镶嵌其中。煮熟之后，面皮间的蜡梅花瓣若隐若现，让人惊艳，创制出现代版的梅花汤饼。再配以荠菜虾仁春卷，宛如一幅美丽的画卷。梅花汤饼透出梅花的幽香，再加上鸡汤的鲜美，有食而不再忘梅的感觉。

【荠菜】自古以来有这样的民谣：杭州四季不断笋，苏州四季不断菜。冬末春初，苏州人总会想起餐桌上的那一道"青头"。"青头"中，荠菜因其清香独特的口感，成为个中翘楚。趁着鲜嫩，以肉糜为伴，制成馅心，做成糯米团子，鲜美香糯，还可以做成荠菜馄饨、荠菜春卷、荠菜豆腐羹……苏州人很会生活，把不时不食的原则发挥得淋漓尽致。挖荠菜，是许多老苏州人童年抹不掉的记忆。荠菜隶属十字花科，外形特征较为明显，一般高度在10～50厘米，叶片通常呈羽毛状分开，同时还带有不规则的锯齿状，很容易辨认。荠菜不仅味美可口，还富含粗纤维、胡萝卜素、B族维生素和蛋白质。常食之，可以增强机体的免疫功能，还有降血压、促消化、抗凝血、预防癌症的功效。

 风
 物
 特
 产

任务实施

选料

梅花	50 克
猪肉酱	75 克
高筋粉	50 克
糯米粉	13 克
鸡骨架（吊汤用）	250 克
干贝（吊汤用）	50 克
鸡胸肉（吊汤用）	50 克
清水	1000 克
春卷皮	10 张
荠菜末	35 克
白胡椒粉	2.5 克
精盐	4 克
生姜	5 克
香葱	10 克
小苏打	1.5 克
味精	2 克
黄酒	5 克
白芝麻	25 克
色拉油	500 克
虾仁	75 克

制作方法

（1）梅花汤饼。

①将鸡骨架、干贝、鸡胸肉洗净，放入锅中，加清水，大火煮沸，撇去浮沫，小火熬制成清汤。

②梅花浸水6小时，取蜡梅花水，与高筋粉、糯米粉调成面团。

③在面皮中间镶嵌梅花瓣，将面团擀薄，用圈模压成薄皮，包入猪肉酱，捏合，下锅煮制成熟后捞出，放入汤碗中。

（2）荠菜虾仁春卷。

①虾仁中加入小苏打，自来水浸泡20分钟后，用水洗净。

②虾仁放入搅拌机中搅打成茸，加入精盐、味精、葱姜汁水、白胡椒粉和黄酒，搅打上劲，加入荠菜末拌匀后炒制馅心。

③春卷皮摊开，放入荠菜虾仁馅，向前卷起成长条形。

④春卷皮表面喷水，滚上白芝麻。

⑤锅中加入色拉油，待油温烧至180℃后，将春卷炸制成熟，装盘即可。

1. 梅花汤饼原料　　　2. 和面　　　　　3. 擀成薄皮　　　　4. 圈模刻出形状

5. 下锅煮制　　　　　6. 春卷原料　　　7. 炒制馅心　　　　8. 包入馅心

9. 春卷成型　　　　　10. 裹上白芝麻　　11. 炸制春卷　　　12. 成品图

营养分析

能量（kcal）	1238.9
蛋白质（g）	48.2
脂肪（g）	74.1
糖类（g）	97.0
维生素 A（μg）	164.7

制作关键

　　在制作过程中，要选用新鲜、香味扑鼻的梅花。制作面皮时，在面皮中间镶嵌梅花瓣，保证花瓣煮熟后不破损，是制作中的关键。春卷包卷时须卷紧无空隙，油炸春卷时注意油温的把控。

饮食建议

此菜富含优质蛋白质、维生素 A、钙、磷和铁等营养素。虾是一种高蛋白、低脂肪的食材，此外还含有丰富的钙、磷、碘等矿物质成分，尤为适合中老年人、肾虚阳痿、脾胃虚弱者食用。体质过敏者不宜食用。梅花开胃理气，清肺热。荠菜含有胡萝卜素、维生素 C、膳食纤维、钙、磷、铁等营养物质，其中胡萝卜素和维生素 C 的含量很丰富。荠菜有利尿止泻、消肿止痛的功效。

任务总结

梅花汤饼，展现出了一幅冬季梅景图，将冬季的梅花应用到了点心上，使这道点心更具有冬季的特征，同时也增加了点心的美感。通过梅花汤饼历史文化知识的学习，学生应了解传统饮食文化的魅力。通过营养成分分析，学生应了解相关食物的饮食宜忌。通过任务实施，学生应掌握原料选择要求，学生还应了解这道点心的制作要领和成品特色，并掌握梅花馄饨造型技术，做到举一反三。

专家点评

梅花汤饼这道点心从古籍中挖掘出来，以梅花形状的馄饨为造型，再配以笔杆状的荠菜春卷，无论从设计、制作到成品都有独到之处，又与宴会主题相呼应，是一款富有创意的佳肴。

任务七

松鼠戏果

任务目标

1. 了解松鼠戏果的原料知识及其制作的相关知识。

2. 熟知松鼠戏果的设计要求及其制作的主要工作过程。

3. 掌握松鼠戏果的制作方法、操作规范和操作关键。

4. 独立完成松鼠戏果的制作任务。

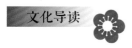

苏式船点

苏州位于太湖之滨，水网稠密，河道交错，行船众多。水乡无所不在的水自然养育了水乡人精致细腻的饮食。而其中与水最无法分离的，便是苏州的船菜。《吴门画舫录》上曾言"吴门食单之美，船中居胜"。船菜，顾名思义，就是在船上设宴，古来为往来客商、文人雅士所喜爱。《桐桥倚棹录》上记载有"飞沙船"，船中可设两三席，"酒茗肴馔，任客所指"。袁景澜有诗赞道："河豚洗净桃花浪，针口鱼纤刺绣绒。"生动形象地描绘了船菜时鲜、精致的特点。除了精致的菜肴外，苏州船菜还以点心见长，名为"船点"。民国年间的《吴中食谱》中谈及苏州船菜"以点心为最佳""粉食皆制成桃子、佛手状，以玫瑰、夹沙、薄荷、水晶为最多"。由此可见苏式船点善用象形、细致剔透的特点。甚至在《红楼梦》中也可以隐约见到苏州船点的影子。在第四十一回中，刘姥姥见到众人食用的点心"都玲珑剔透"，还"拣了一朵牡丹花样的"想要带回家去。剔透如花的点心，何尝不能在水乡的画舫中见到呢？《清稗类钞》作者、清末民初文人徐珂在《可言》中记录自己在苏州吃船菜的情景。他受邀来苏，乘舟至虎丘游玩，归途中吃到了"点心席"。席上有瓜果小菜若干，又有"四粉""四面"。"四粉"为扁豆糕、火腿拉糕、余油饺、蒸粉饺，"四面"是蟹粉烧卖、玫瑰秋叶饺、虾饺、糖饼。到了民国，"四粉""四面"更加精致。"四粉"为玫瑰松子石榴糕、薄荷枣泥蟠桃糕、鸡丝鸽圆、桂花佛手糕，"四面"为蟹粉小烧卖、虾仁小春卷、眉毛酥和水晶球酥。其工艺比徐珂所见更为精湛细腻。

苏式船点最初在游船上作为点心供应，因而得名。后经名师精心研究，专用米粉为原料，制作出的船点精巧玲珑，既可品尝，又可观赏。船点的馅心，甜的有玫瑰、豆沙、糖油、枣泥等，咸的有火腿、葱油、鸡肉等。一般是动物品种用咸馅，植物品种用甜馅。苏式船点产品工艺精细，造型别致，色彩鲜艳，形态逼真，味美可口，是筵席佳点。

【梅干菜】梅干菜，是以九头芥菜或阔叶雪里蕻为原料，经去根、修叶、晾晒、堆黄、腌制、暴晒等工艺制得。挑选梅干菜时，要注意看产品的标签和生产日期；优质的梅干菜色泽均匀自然，呈黄黑色，有光泽，无霉变；外形干净整齐，长短均匀，无菜根，无硬茎碎屑；香味纯正，无霉变味或其他异味；用手握住放手后立即松软，干燥度较好。梅干菜多作为辅料，与猪肉、鸡肉、鱼和豆角等一同烹制成美味可口的菜肴。主要菜点有：梅菜扣肉、梅菜蒸牛肉、梅菜肉包、梅干菜饼等。

风物特产

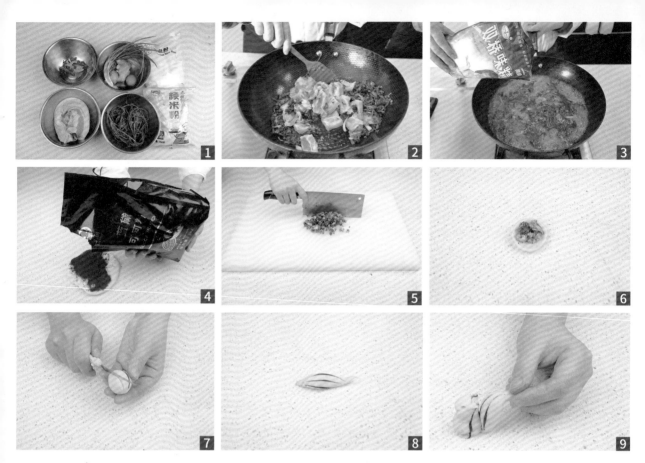

任务实施

选料

五花肉	125 克
梅干菜	50 克
糯米粉	68 克
粳米粉	34 克
清水	105.5 克
白砂糖	2.5 克
猪油	45 克
可可粉	11 克
蛋黄	7.6 克
面粉	125 克
枣泥	50 克
松子	20 克

营养分析

能量（kcal）	2027.0
蛋白质（g）	46.5
脂肪（g）	91.3
糖类（g）	264.2
维生素 B_1（mg）	0.8
钙（mg）	112.9
磷（mg）	211.0
铁（mg）	9.8

松鼠船点制作方法

① 五花肉和梅干菜煸炒，加入调味料并小火煮 2 小时。

② 水加白砂糖烧开，倒入糯米粉和粳米粉混合粉中，趁热揉成团。

③ 面团分成两块，一块加入蛋黄，一块加入可可粉。

④ 五花肉、梅干菜冷却切成末。

⑤ 通过包馅、成团、成型完成松鼠船点制作。

⑥ 烧开水，上笼蒸制 8 分钟即可。

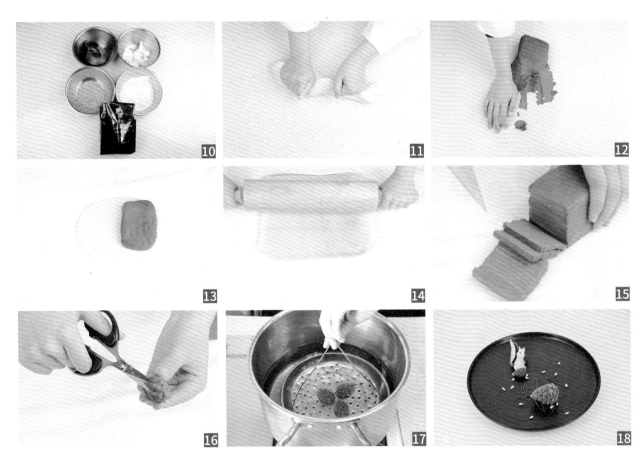

1. 松鼠船点原料　　2. 煸炒　　　　3. 调味　　　　4. 调船点面团
5. 馅心切末　　　　6. 包馅　　　　7. 填色　　　　8. 尾巴定型
9. 松鼠船点　　　　10. 松果油酥原料　11. 揉水油面　　12. 揉干油酥面
13. 包酥　　　　　14. 擀酥　　　　15. 切酥　　　　16. 油酥剪刺
17. 油炸　　　　　18. 成品图

松果油酥制作方法

　　① 分别调制两块面团，一块水油面，一块干油酥面，两块面团的软硬度须一致。

　　② 水油面包住干油酥面后擀薄，再进行起酥。

　　③ 通过包酥、擀酥、切酥等步骤完成松果油酥制作。

　　④ 用剪刀错落剪短刺。

　　⑤ 起油锅，等油温升至135℃，下锅油炸5分钟即可。

制作关键

　　制作油酥面时手要均匀用力，包捏成形时要注意手法技巧，油炸时的油温要掌握恰当。正确掌握糯米粉、粳米粉的比例，保证制品吃口软糯又不易走形，掌握蒸制时间，把握好重量。

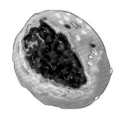

梅干菜含有柠檬酸、氨基酸，以及钠、钾、钙、镁等矿物质，并含有抗氧化物质。面粉中所含营养物质主要是碳水化合物，此外还有蛋白质、脂肪、B族维生素和铁、磷等矿物质。五花肉富含优质蛋白质、脂肪酸、B族维生素、铁、钙和磷等营养成分，能改善缺铁性贫血，具有补肾养血、滋阴润燥的功效。

任务总结

松鼠船点和松果油酥，象形是其制作关键，学生应掌握制作步骤。松鼠船点的馅心主要以梅干菜肉为主，松果油酥的馅心则是香甜的松子枣泥馅。松鼠象形船点，造型逼真，甜而不腻，咸鲜软糯。利用米粉面团制成，包入梅干菜肉馅心成球形，并利用工具依次做出身体和尾巴造型，最后将两者合体成松鼠。松果油酥采用面粉、猪油、可可粉调成粉团，包入松子枣泥馅，入锅油炸，酥香可口。

专家点评

这道点心制作运用了象形的方法，将松鼠船点和松果油酥组合在一起，给人以强烈的画面感和想象空间。两道点心，一甜一咸，一酥一糯，一荤一素，一明一暗，对比中又相互映衬，是传统中点的一次成功改良与创新。

任务八

年年有余

任务目标

1. 了解年年有余的原料知识及其制作的相关知识。

2. 熟知年年有余的设计要求其制作的主要工作过程。

3. 掌握年年有余的制作方法、操作规范和操作关键。

4. 独立完成年年有余的制作任务。

文化导读

苏州过年习俗

爆竹声中一岁除，春风送暖入屠苏。

千门万户曈曈日，总把新桃换旧符。

——王安石《元日》

阵阵轰鸣的爆竹声，送走了旧时光，和煦的春风，吹来了新光景。在老苏州人眼里，春节是无比重要的节令。"十七十八，越掸越发"，这时候的苏州人已经开始"掸檐尘"，除污去秽，过年由此拉开序幕。腊月廿四夜，家家户户要"送灶""祭灶"，并奉上糖元宝，希望灶神"上天言好事，下界保平安"。"家家腊月二十五，淅米如珠和豆煮"。大年三十，贴完春联，人们团坐一起，此时苏州人的饭桌上少不了讨口彩的食物，比如"安乐菜"青菜，"如意菜"黄豆芽，长寿安康的"长庚菜"，年年有鱼（余）……桌上往往还有寓意家道兴旺发达的暖锅，同吃年夜饭，共享天伦之乐。旧时，大年初一，小朋友穿着新衣服，戴着新帽子，吃着加了糖的小圆子，祈求新的一年甜甜蜜蜜，大人们放鞭炮，祈求来年兴旺。苏州人的大年初一，还伴有诸多禁忌：不出家门，不动刀叉，不倒垃圾，不说脏话……大年初五，放鞭炮，接财神。正月十五闹元宵，闹完元宵，苏州人的年才算过完。

【麦芽糖】麦芽糖，又名饴糖，是由玉米、大麦、小麦、粟或玉蜀黍等粮食经发酵、糖化制成的糖类食品。全国各地均产。它有软、硬之分，硬者称为白饴糖，软者称为胶饴，黏性较大。麦芽糖的吸湿性较低，具有热稳定性，加热时不易发生美拉德反应，上色度较差。麦芽糖甜度不大，烹调时放入能增加菜肴的色泽和香味。传统麦芽糖主要由小麦和糯米制成，口感香甜，老少皆宜，具有排毒养颜、润肺去燥、补益肝脾的功效。

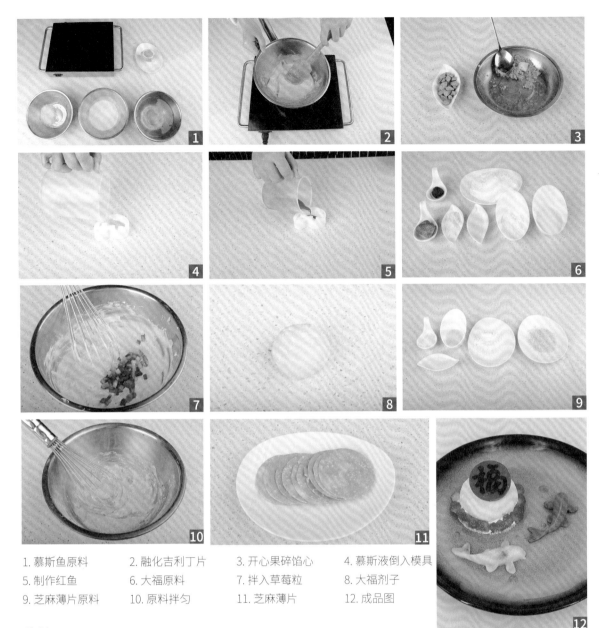

1. 慕斯鱼原料　　2. 融化吉利丁片　　3. 开心果碎馅心　　4. 慕斯液倒入模具
5. 制作红鱼　　　6. 大福原料　　　　7. 拌入草莓粒　　　8. 大福剂子
9. 芝麻薄片原料　10. 原料拌匀　　　11. 芝麻薄片　　　　12. 成品图

选料

（1）慕斯鱼

牛奶	240 克
淡奶油	70 克
吉利丁片	4 片
麦芽糖	125 克
细砂糖	70 克
柠檬汁	4 克
红曲粉	10 克
红心火龙果汁	5 克
纯净水	15 克
开心果粒	10 克
黄油	20 克
树莓果酱	10 克

（2）大福

糯米粉	160 克
玉米淀粉	40 克
白砂糖	50 克
清水	200 克
玉米油	5 克
淡奶油	150 克
红豆沙	50 克
糖粉	20 克
草莓	500 克

（3）"福"字巧克力

戴妃白巧克力	65 克
可可脂	7 克
红色素	10 滴
戴妃黑巧克力	50 克

（4）芝麻薄片

蛋清	35 克
糖粉	20 克
黄油	15 克
白芝麻	40 克
低筋粉	13 克

制作方法

（1）慕斯鱼。

① 将吉利丁片用冰水软化后，隔水融化。取 20 克淡奶油，和牛奶、麦芽糖、细砂糖、柠檬汁一起加热至 117℃，待温度降至 70℃时，加入融化的吉利丁片搅匀后，再加入 50 克淡奶油拌匀，制作慕斯液。

② 取一半慕斯液，加入红曲粉、红心火龙果汁、纯净水拌匀，制成红色慕斯液。

③ 将开心果粒切碎，加入黄油拌匀，搓成小球放冰箱速冻，制成开心果碎馅心。

④ 将慕斯液、红色慕斯液倒入鱼形模具中，中间分别嵌入开心果碎、树莓果酱馅心。

（2）大福。

① 将糯米粉、玉米淀粉、白砂糖、清水、玉米油拌匀，封上保鲜膜，中间戳几个小孔，上笼蒸制成熟后取出，揉成粉团。

② 将草莓切成 0.5 厘米长小粒。

③ 将淡奶油和糖粉打至八成发，拌入红豆沙、草莓粒，制作大福馅心。

④ 将粉团分割成每个 25 克的剂子，擀开，包入 20 克的大福馅心即可。

（3）"福"字巧克力。

① 将戴妃白巧克力、可可脂隔水融化后，滴入红色素拌匀，平铺在玻璃纸上冷却。

② 将圈模烧热，刻出直径 6 厘米的圆形巧克力。

③ 将戴妃黑巧克力隔水融化，装入裱花袋中，在红色圆片巧克力上写"福"字。

（4）芝麻薄片。

① 将蛋清和糖粉混匀，用打蛋器打出细小的气泡后，加入融化的黄油、白芝麻、低筋粉拌匀。

② 将上述混合物平铺在不粘烤盘上，上火 180℃、下火 150℃烘烤 13 分钟，趁热用圈模刻出直径为 8 厘米的圆片即可。

营养分析

能量（kcal）	4215.3
蛋白质（g）	67.3
脂肪（g）	176.0
糖类（g）	586.4
维生素 A（μg）	768.5

制作关键

在制作过程中，慕斯鱼的颜色要自然，不能添加色素，色彩较难掌握。大福外皮蒸熟后，如何包入较软的馅心，也是个技术难题。

饮食建议

　　草莓含有丰富的维生素 C、胡萝卜素、果胶和膳食纤维等营养物质。牛奶中富含优质蛋白质、乳糖、脂肪、维生素 A 和钙等营养成分，牛奶所含的钙容易被消化吸收。奶油含有较多脂肪，因此，脂溶性的维生素 A 和维生素 D 含量较丰富，也含有蛋白质、卵磷脂等营养成分。奶油中的饱和脂肪酸较多，不宜食用过多。

任务总结

　　年年有余，很好地体现了过年的节日氛围，也表达了人们对来年美好生活的期盼，通过这道点心，更能把过年宴席热闹红火的氛围突显出来。在制作过程中，学生通过不断地尝试，寻求慕斯鱼的天然色彩，还要把冬令时节软软的草莓馅心包在大福里。

专家点评

　　这是一道富有年味的点心。糯米团子贴着火红的"福"字，搭配鲤鱼形年糕，咬上一口才知道是水果慕斯和草莓大福，多元文化的融合体现在一道过年的点心上，真是既饱口福又饱眼福！

参考文献

[1] [唐] 陆广微. 吴地记 [M]. 曹学娣，校注. 南京：江苏古籍出版社，1999.

[2] [宋] 林洪. 山家清供 [M]. 章原，编著. 北京：中华书局，2013.

[3] [宋] 朱长文. 吴郡图经续记 [M]. 金菊林，校点. 南京：江苏古籍出版社，
1999.

[4] [元] 倪瓒. 云林堂饮食制度集 [M]. 邱庞同，注释. 北京：中国商业出版社，
1984.

[5] [清] 金友理. 太湖备考 [M]. 薛正兴，校点. 南京：江苏古籍出版社，1998.

[6] [清] 袁枚. 随园食单 [M]. 周三金，等，注释. 北京：中国商业出版社，
1984.

[7] [清] 袁景澜. 吴郡岁华纪丽 [M]. 甘兰经，吴琴，校点. 南京：江苏古籍出
版社，1998.

[8] [清] 徐珂. 清稗类钞 [M]. 北京：中华书局，1984.

[9] [清] 顾禄. 清嘉录 [M]. 来新夏，点校. 上海：上海古籍出版社，1986.

[10] [清] 顾禄. 桐桥倚棹录 [M]. 上海：上海古籍出版社，1980.

[11] 周振鹤. 苏州风俗 [M]. 上海：上海文艺出版社，1989.

[12] 华永根. 品味　口感苏州　苏帮菜 [M]. 苏州：古吴轩出版社，2015.

[13] 胡敏. 新编营养师手册 [M]. 3 版. 北京：化学工业出版社，2019.

[14] 胡敏. 营养师随身查 [M]. 北京：化学工业出版社，2017.

[15] 王者悦. 中国药膳大辞典 [M]. 北京：中医古籍出版社，2017.

[16] 路新国，刘煜. 中国饮食保健学 [M]. 北京：中国轻工业出版社，2011.